更新版

第一次
品紅茶就上手

趙立忠、楊玉琴 等著

CONTENTS 目錄

第3篇 世界知名紅茶產區　60

CONTENTS 目錄

如何使用這本書

本書是專門為完全不懂紅茶的讀者所撰寫的內容。這本書共分為八個篇章，對尚未全盤掌握「品紅茶」知識的初學者提出一個循序漸進、由淺入深的學習進程。

為了避免初學者陷入文字的迷障，喪失學習的興趣，本書特別設計簡明易懂的學習介面，運用大量的圖解輔助說明複雜的概念，避免詰屈聱牙的文字，透過本書，讓你可以「第一次品紅茶就上手」。

顏色識別
同一篇章以統一色標示，方便閱讀及查找。

篇名
每一篇章為學習者待解的問題，一個篇章解決一個學習問題。

大標
即該篇章內的各個學習主題，每一大標都揭示了一個必須了解的要點。

前言&內文
針對大標主題的重點，展開平易近人、易讀易懂的精要說明。

dr.easy
針對實務部分，以提供過來人的經驗訣竅和具體實用的建議。

第1篇
進入紅茶的世界

什麼是茶

茶的種植起源於中國。茶被發現得很早，距今已有五千年的歷史，雲南是茶樹的原產地，後來才隨著時間的推移，透過天然與人為的方式向外傳布出去。人們從茶樹梢採摘下鮮葉，製成茶，隨著製法的精進，茶的風味也愈多元，成為咖啡、酒以外，最重要的日常飲料之一。

認識紅茶的分類

紅茶的分類上因製作技術不斷成熟，消費口味的轉變，而發展出多樣的分類。初入紅茶世界的新手，可先將紅茶大類區分為調味茶和原味茶的兩大概念理解紅茶。

產地茶

來自於單一茶區的作品，可以喝到紅茶特屬產地的地域香，像是大吉嶺著名的麝香葡萄風味、祈門紅茶鈴蘭花香中蘊含強烈蜜味，被稱為「祈門香」，都是其它產地無法複製的特色。品嘗未經混合的產地茶，為的就是欣賞這些各地迥異的風格。而有些品牌亦會嘗試調合屬於該品牌的產地味，各品牌會在產區中，選取數種不同來源的紅茶拼配，讓作品在鮮明的特色下，各自擁有香氣與口感上細緻的差異。

專業評茶時，會隨著不同目的而改變評比項目，不過，要注意的是，不論要評比哪一種項目，紅茶的「等級」條件一律要相同，這樣才能使用同樣的沖泡方法，達到公平評比的目的。

step by step
從學習者的 認知、理解角度，以清晰明確的步驟解說、還原完整的學習流程。

圖解
運用有意義、有邏輯可循的拆解式圖解輔助說明，將複雜的概念化繁為簡，讓讀者一目了然，迅速掌握核心概念。

1 混調茶比例——調和茶水
依照所設定下的主題與已經確認拿來調茶的茶品的特色後，開始使用茶湯加以混調。

光照

照度（時間/強度）
→ 照度強 → 提高決定紅茶口感與滋味的兒茶素
→ 照度弱 → 提高決定紅茶香氣與甘味的氨基酸

光關
→ 紅橙光 → 利於茶樹生長與兒茶素等物質累積
→ 藍紫光 → 促進蛋白質合成與氨基酸等物質累積

認識紅茶

茶的分類

紅茶分類

標籤索引
同篇章中所有大標均列示於此做成索引，讀者可從色塊標示得知目前所閱讀的主題。

蜜香紅茶如何誕生
蜜香口味的茶台灣以前就有，例如帶有蜜香甜味的東方美人茶，但卻從未有蜜香口味的紅茶。由於茶葉在生長過程中，茶菁原料遭小綠葉蟬啃食，所採摘下的茶菁在經過烘焙後，帶有一股蜜香味，且風味特殊，但這種味道當初卻不為人所喜。

story
與主題、內容相關的事件或故事，增添學習「品紅茶」時的趣味性以及時事關連性。

INFO 什麼是具產地特色的紅茶？
市面上有些印有產地字樣的紅茶並不能直接視為單一產地茶。例如，以印有大吉嶺字樣的紅茶來說，有時是指使用大吉嶺產地的茶葉，拼配其它產區與它風味相近的紅茶，混合出帶有大吉嶺風味的作品，這裡所指的大吉嶺，就比較偏向形容詞，雖然並不能稱為單一產地茶，但其目的皆是在創造出這些大眾已習慣、偏好的產地紅茶味。

info
內文無法詳細説明，但卻不可不知的重要資訊。

第一篇
進入紅茶的世界

紅茶原產於中國，後來因英國人特別鍾愛紅茶，甚至在當時的殖民地印度種植茶樹，以滿足國內龐大的內需，紅茶也因為英國人的緣故，使得紅茶的文化深根於英國，並逐漸在世界各地流行開來。隨著製作技術不斷成熟，消費口味的轉變，紅茶的風味樣貌也開始多元起來，不管是品嘗產地風土特色的產地茶，還是經過調茶師巧手調配過的調味茶，紅茶的世界豐富而多彩，也是許多品飲紅茶的玩家如此喜愛紅茶的主要原因。

本篇教你
🍃 **認識紅茶**

🍃 **認識茶分類**

🍃 **認識紅茶分類**

什麼是茶

茶的種植起源於中國。茶被發現得很早，距今已有五千年的歷史，雲南是茶樹的原產地，後來才隨著時間的推移，透過天然與人為的方式向外傳布出去。人們從茶樹梢採摘下鮮葉，製成茶，隨著製法的精進，茶的風味也愈多元，成為咖啡、酒以外，最重要的日常飲料之一。

什麼是茶？

製茶的原料來自於茶樹，茶樹上生長的葉子稱為「生葉」，摘採自茶樹的葉子稱之為「鮮葉」又稱為「茶菁」，茶菁依照製作過程不同，而製出風味不一、個性不同的茶，如紅茶、綠茶、烏龍茶、鐵觀音、碧螺春……，當茶葉經過沖泡，釋出當地風土環境培育出的特有茶質，形成茶獨特的滋味、色澤與香氣。品茶時，也就評賞了由風土氣候與茶農、製茶師共同努力的作品。

以鮮葉為原料

做為茶葉的主要原料，鮮葉的成分與經精製而成的成品「茶葉」的顏色、香味、口感息息相關，也直接影響了成品的品質。製茶時，會依照採摘部位、使用目的製作最適合的茶。例如，採取自茶樹樹梢最尖端的一芽兩葉，稱之為「一心兩葉」，這個部位製作出來的茶，可以品嘗出最豐富的茶內容物，口感也最好。雖說任何一種品種的茶菁都能製成任一種成品的茶，但是能夠依照茶樹品種的特性，以最適合的製程製作，即能做出最能呈現其風味特色的好茶。

茶樹的種類

茶樹從中國雲南向外散布後，雖然產生相當多的變種，若以葉片的大小做區分，最主要分為兩種，一種為葉子較小的中國種，另一種為葉子較大的阿薩姆種。小葉的中國種葉質厚而硬脆，抗寒抗旱力強，主要栽種產地在中國祈門、印度的大吉嶺；大葉的阿薩姆種葉質薄而柔軟，主要栽種產地在中國雲南、印度的阿薩姆。

茶的分類

茶有很多種類，例如紅茶、綠茶、烏龍茶、白茶……等，種類雖多，原料都來自於茶樹上的葉子。同一批茶樹採摘下來的茶，只因為製作方法不同，就能轉變為個性迥異、風味不同的茶。茶迷人之處也在此。

發酵程度與製法決定了茶葉種類

採摘自同一批茶樹的茶菁，會因為製法、發酵程度不同，而形成滋味、香氣、湯色不同的茶類，同一批茶葉原料，都可以製成紅茶、綠茶、烏龍茶，其中最主要的關鍵在於，發酵程度影響了茶葉最後的樣貌。發酵程度從無到重，依序為綠茶、白茶、黃茶、青茶、紅茶、黑茶，也是大家所熟知的六大茶類。

發酵程度

0% 綠茶	無發酵茶→ 發酵度0%	是指鮮葉採摘下來後，不經過發酵過程，直接進行殺青、揉捻、乾燥等製程。由於不經過發酵，所以保留茶菁的顏色，湯色碧綠、翠綠、黃綠。
白茶	輕發酵茶→ 發酵度10%～20%	選用的茶菁以剛冒出的幼嫩芽尖為主，帶有白色茸毛，製成茶後就是「白毫」。在製茶時，只輕微發酵，湯色淺淺帶黃，滋味爽口甘醇。
黃茶	微後發酵茶→ 發酵度20%～30%	選用的茶菁為芽葉、嫩芽，製程類似綠茶，但其中還經過一道「悶黃」的工序，使成品乾茶與湯色帶黃，發酵度不高，帶有清香，滋味甘甜清爽。
青茶	半發酵茶→ 發酵度30%～80%	又稱為烏龍茶。屬於半發酵的茶類，製程繁複，需要熟練與高度的技巧，製作難度最高。其滋味豐富，帶有花香、熟果香，滋味醇厚。
紅茶	全發酵茶→ 發酵度80%～100%	發酵度高達80%以上的全發酵茶，製作時直接萎凋、揉捻、發酵、乾燥。成品外觀有全葉型與碎型之分，其香氣帶有花香或果香，湯色帶紅，滋味豐富。
100% 黑茶	後發酵茶→ 發酵度100%	製茶過程中，將經過揉捻、曬乾後的茶菁堆積，再經過長時間的發酵，使成品的茶葉與湯色顏色較深，其滋味醇厚，帶陳香，湯色紅褐或橙黃。

紅茶的分類

如果要用二分法，可將紅茶分為與香料、花果等混搭的調味茶，以及單純品嘗紅茶香氣、滋味的原味茶。原味茶可能是調茶師將不同產地特色的紅茶，重新拼配後賦予的新生命；也可能是全部來自同樣產地，強調了產地特色的作品。近年來，興起了一股單品紅茶的風潮，建立在產地上但又不屈居於產地，而希望能更近一步品玩出莊園、品種、產季等等更細膩的差異，於是品紅茶開始像單一麥芽威士忌、單品咖啡或紅酒莊園一樣，顯得更富深度而多采多姿。

🍃 認識紅茶的分類

紅茶的分類上因製作技術不斷成熟，消費口味的轉變，而發展出多樣的分類。初入紅茶世界的新手，可先將紅茶大類區分為調味茶和原味茶的兩大概念理解紅茶。

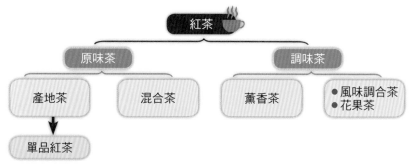

☕ 原味茶與調味茶

專注於紅茶原始香氣、滋味，未經薰香、或添加茶以外香料的便是原味茶，可以是數個不同茶區的混合作品，也可以是標榜單一產區的產地茶。反之，調味茶則能嘗到在紅茶本身之外與其它原料搭配後的風格，這些作品可能經過薰香，將花果香氣薰入紅茶中，而保留原始滋味；可以是加入香料、花果等，讓紅茶滋味豐富多變；又或者同時兼具薰香與調和兩道工序。

☕ 產地茶

來自於單一茶區的作品，可以喝到紅茶特屬產地的地域香，像是大吉嶺著名的麝香葡萄風味、祈門紅茶鈴蘭花香中蘊含強烈蜜味，被稱為「祈門香」，都是其它產地無法複製的特色。品嘗未經混合的產地茶，為的就是欣賞這些各地迥異的風格。而有些品牌亦會嘗試調合屬於該品牌的產地風味，各品牌會在產區中，選取數種不同來源的紅茶拼配，讓作品在鮮明的特色下，各自擁有香氣與口感上細緻的差異。

∫INFO 什麼是具產地特色的紅茶？

市面上有些印有產地字樣的紅茶並不能直接視為單一產地茶。例如，以印有大吉嶺字樣的紅茶來說，有時是指使用大吉嶺產地的茶葉，拼配其它產區與它風味相近的紅茶，混合出帶有大吉嶺風味的作品，這裡所指的大吉嶺，就比較偏向形容詞，雖然並不能稱為單一產地茶，但其目的皆是在創造出這些大眾已習慣、偏好的產地紅茶味。

☕ 混合茶

數種品質特徵不一的紅茶經過混合調製，或截取各產地特徵的優勢，創造出具特色且符合大眾口味的作品，通常是由品牌的調茶師設計出的口感，能維持穩定的品質與產量，有利於商品化及推廣，亦稱為 Blend Tea。各品牌所設計的混合茶，在創意與品牌調茶師的操刀下，讓混合茶不斷有新作誕生，但也有些具歷史的配方，因產區特性相容，能混出獨到口味，有些帶有文化意涵，使得這些作品至今依然引人喜愛。

著名的品牌佛特南‧梅森（Fortnum&Mason）的安妮皇后紅茶（Queen Anne Tea）運用了來自印度大吉嶺、阿薩姆，與斯里蘭卡汀布拉產區的紅茶混合調配而成。這款紅茶在西元一九〇二年開店200週年時，為紀念英國安妮女王而誕生；威基伍德（Wedgwood）的原味茶（Wedgwood Original）則是混合了肯亞與印度產區下的作品；而在英國非常普遍的英國早餐茶（English Breakfast Tea），則多用肯亞、錫蘭與印度茶混製，特別是富有個性的阿薩姆產區，創造出濃烈的早餐茶口感。不過即使基茶使用類似，在不同比例的相異下，各品牌還是保有了口味的獨特性。

單品紅茶

單品紅茶是指製程中未經過混批拼配的作品。相異的紅茶品種在不同產區、年分、季節有著全然不同的個性，莊園各用其敏銳的觀察力，與獨門工法詮譯不同批次的作品，讓最後的紅茶成品除了擁有珍貴的香氣、層次外，更保留莊園的極致特色，凝聚了紅茶的藝術內涵，也激盪出接觸紅茶文化後，對上游知識與感官體驗的渴望。

不同程度的單品紅茶表現在細小、專一卻又具影響力的環節中。不同文化下，可能在產區、年分、莊園、季節與等級等元素上創造出口感差異。單一莊園、單一產季等，都是常見的品評體驗，這些雖然未必與品質劃上等號，但集合了大地環境與工藝技術，創造出的限量而富有個性的單品紅茶，也成為近年來賞味紅茶的一個新風潮。

薰香茶

將花香、水果、或香料的香氣薰入紅茶,即是薰香紅茶。原始茶味加上新的香氣元素,馥郁的香氣帶來感官上美妙的體驗。品味薰香茶時,嗅覺也會影響味覺,讓啜飲入口的紅茶在感官作用下的自然聯想力中,增添了新的微妙風采。常見的作品如利用天然玫瑰花瓣薰製而成的玫瑰花茶、橙皮薰製的柳橙薰香茶、以及薄荷原葉薰製的作品。品味薰香茶時,可以使用杯口呈廣角形的花茶杯,享受香氣滿溢環繞於周圍的喜悅。

風味調合茶

以一至數種不同產地紅茶為基底,搭配花、水果、香料等,藉由調茶師的創意與專業,揮灑出一種嶄新的風貌。許多古老的配方至今猶受歡迎,十九世紀初為因應龐大的市場需求,唐寧(Twinings)以產自西西里島的佛手柑,取代中國正山小種帶有濃烈的龍眼薰香的特性,這支作品被獻給當時的海軍大臣格雷伯爵,成為流傳至今的伯爵紅茶(Earl Grey);瑪莉亞喬(Mariage Fre`res)為紀念創始,利用印度和中國茶混合茉莉花瓣清香,設計出貴族風格的1854茶;以及其它品牌不斷推陳出新的作品。這些紅茶有的以原料做為名字,如覆盆子、水果複方茶等,有的則有專屬的名字,如東方之夜、婚禮紀念茶、聖誕茶等,創造出一種雞尾酒式的華麗。

第二篇

認識紅茶
與製造方式

茶種決定了紅茶作品先天的個性，獨特的環
境孕育出產地茶特有的風味，而莊園各依經
驗發展出屬於自己的製程技術，風情萬種的
紅茶面貌於是誕生。了解茶種、環境、製程
三樣對紅茶原料產生影響的關鍵要素後，有
助於了解紅茶特性與分類，更正確地熟悉紅
茶分級制度。

本篇教你

◗ 認識製作紅茶的原料

◗ 認識紅茶製程

◗ 認識紅茶分級制度

紅茶的原料

紅茶作品的原料不外乎採摘自茶樹的嫩芽、鮮葉與梗的部分。每一個部位，因其成分的含量與比例差異，在製作手法上，與沖泡時的色澤、香氣、口感，產生了微妙的影響。

鮮葉各部位對紅茶的影響

以下就嫩芽、成葉、梗等
部位特色分別說明：

嫩芽

芽心與嫩葉

特性

嫩芽帶白色絨毛，質優且外形具美感，內含較多的可溶性物質，包括咖啡鹼茶多酚、蛋白質與氨基酸等，以及磷、鋅、硫、銅、鉀、鎂等無機礦物質，在新梢幼嫩的頂端部位上述物質的含量最高，極富營養價值。

對紅茶的影響

芽心與嫩葉豐富的茶質，在沖泡時溶解較快，其中以多元酚類與胺基酸的含量與比例影響較大。中國雲南茶區產出的滇紅、祈門茶區產出的祈紅，有以芽心或一心一葉的作品，因產量稀少價格也較高；許多產區如印度大吉嶺，會在作品中添加較多的嫩芽，以增加口感上的鮮活性。

製程上的處理

芽與初綻新葉較為嬌嫩，要避免過分或壓力太大的揉捻，但適度揉破細胞組織，讓茶質外溢能夠增加口感強度，印度阿薩姆產區著名的黃金芽葉（Golden Tips），便是因外溢的茶質染色而成。

☕ 成葉

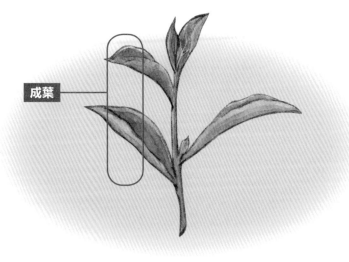

成葉

特性

成葉因發育完整質量重,內含養分種類也最多元,舉凡鋁、錳、鋁、釩等無機礦物質含量,亦隨採葉摘部位下降而遞增。成葉是製作紅茶主要的原料。

對紅茶的影響

各種茶質隨葉片的熟嫩度而有所變化,茶葉的老嫩程度影響了口感和香氣。大體而言,嫩葉的成分有較多量的茶質,可幫助發酵,形成紅茶的滋味與口感,嫩葉為主的茶湯,茶體較厚實,而滋味較強。成熟的葉片內擁有較完整的養分種類,其中包含許多香氣物質,形成的茶湯滋味較弱,但香氣較沈穩強健。沖泡時,老葉溶解出茶味的速度比嫩葉慢,但比茶梗快,因此,沖泡時間也會視茶葉的老嫩調整。

製程上的處理

由於葉片不同部位的特性各異,採摘熟嫩度的標準可做為等級之劃分,依不同部位可以做出不同特色的作品,但若鮮葉採摘淨度不佳,同時混有老嫩、不同茶區、茶種的茶葉,製程上無法取得最適參數,作業的難度也會增加。

嫩莖與茶梗

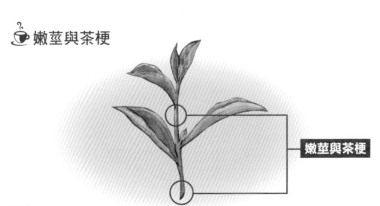

嫩莖與茶梗

特性

茶梗含有豐富的氨基酸與纖維素。胺基酸在根部合成後向葉部轉移,因此嫩芽與嫩莖含量最豐,即使是成熟度較高的梗,也高於葉部數倍之多。纖維素則主要存在於較老的枝梗。

對紅茶的影響

茶梗中的茶胺酸為一種可溶於水中的游離胺基酸,是組成茶類胺基酸的重要成分,帶甘味喉韻,使茶湯更順口,也影響鮮爽度。茶胺酸也是許多香氣的前導物質,對茶香具影響力。茶梗多的作品需較長的沖泡時間。

製程上的處理

進行紅茶製程的萎凋(參見P37)時,隨著茶菁水分蒸散的同時,會將茶梗內的養分與香氣物質帶到葉面,使萎凋得宜的葉片具香味;而較老的枝梗,含纖維素較多,有經濟價值的養分較少,製成成品後,會在精製過程中將其剔除。除了手工挑梗外,由於纖維素使茶梗的色澤較淺質、量較輕,依據這兩種特性,也有依光學原理或震動原理所設計的機器除梗。

採摘部位會因應不同需求而有改變,做出不同風格的紅茶作品。且幼嫩芽梢雖因生長活躍,物質代謝旺盛而擁有較豐富的茶質,但影響紅茶作品的因子繁多,不能單以採摘部位替成品品質下定論。

認識茶樹生長環境

茶樹為原產於東南亞季風氣候帶的植物，經由演化，加以經濟價值高，在人為的馴化與移植下，北緯40度至南緯30度之間的地區皆有種植茶樹。在不同環境下，茶樹的生長環境與鮮葉成分、特質息息相關，決定了紅茶作品的品質差異。

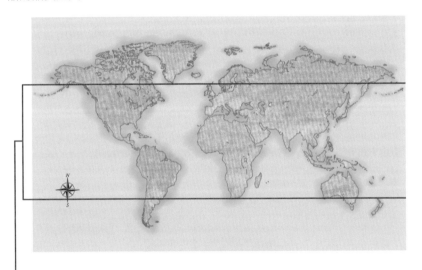

■ 適合茶樹生長環境在北緯40度至南緯30度之間

地理環境

不同的氣溫、日照、水分、土壤與坡向等地理環境，在產區與年分的區隔下，使得茶葉成分有所差異。環境促使茶樹物質代謝產生微妙的變化，鮮葉物質的含量與組成比例因而有所改變，特別是影響茶湯風味甚鉅的含氮化合物（如蛋白質、氨基酸、咖啡鹼等），與碳水化合物及其代謝產物（如醣類、茶多酚等）的含量與組成比例。但必須特別留意的是，影響紅茶成品的因子十分複雜，並不能單用鮮葉成分上的差異概括成品的口感與風格。

日照

日照時間長、照光照度強的情況下，光合作用旺盛，太陽光譜中的紫外線能提高茶湯的水色及香氣，可見光之中的紅光、橙光能促使茶樹生長快速，葉片迅速累積多元酚類化合物，豐富的多酚類是紅茶發酵的關鍵，因此，夏季受到光照的影響，提供了紅茶作品發酵必要的能量。世界著名的紅茶產區如阿薩姆、大吉嶺，其夏摘的作品，皆有極高的稱譽。而台灣的茶樹，也是以七、八月的鮮葉最適宜製成紅茶。反之，日照短、照度弱的環境，茶樹生長緩慢、纖維組織形成減緩，嫩葉中酚類物質少，儲藏了較多的能調和苦澀的氮含量。

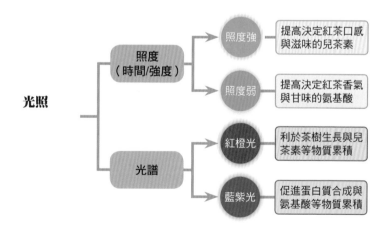

光照

照度（時間/強度）
- 照度強 → 提高決定紅茶口感與滋味的兒茶素
- 照度弱 → 提高決定紅茶香氣與甘味的氨基酸

光譜
- 紅橙光 → 利於茶樹生長與兒茶素等物質累積
- 藍紫光 → 促進蛋白質合成與氨基酸等物質累積

氣溫

茶樹生長歷史悠久，雖然經過演化與適應，各自發展出對溫度的不同容忍度，但大體而言在年均氣溫16～25℃之間，最適合茶樹生長，產量也最高。在過熱的氣溫條件下茶樹易發生病蟲害，平日溫度若超過35℃則容易有熱害，抑制茶芽生長；太冷的環境容易使茶芽凍傷，年均溫約5℃以下茶樹即難以生長。適宜的溫度範圍與顯著的日夜溫差，是茶樹生長的關鍵。

大體而言，在茶樹的適溫範圍內，隨著溫度提升，酶的活性增強，茶樹生長快速，醣類的合成與多酚類物質累積迅速，利於紅茶製造；而台灣阿里山、印度大吉嶺（Darjeeling）與斯里蘭卡的努瓦拉埃利亞（Nuwara Eliya）等產區，則是利用山區較低的氣溫條件，使茶樹生育緩慢，富含氨基酸的茶葉帶來鮮爽甘味，創造出不同風格的紅茶作品。

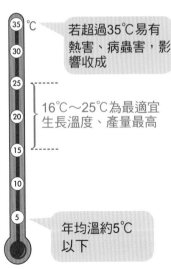

若超過35℃易有熱害、病蟲害，影響收成

16℃～25℃為最適宜生長溫度、產量最高

年均溫約5℃以下

🍃 水分

茶樹喜愛溫和溼潤，因此分布多在年均降雨量1500mm以上，霧氣濃厚或有河川水氣，相對溼度維持在80%以上的地域。生長時保水量充足能維持葉肉鮮嫩、提高氮與胺基酸含量，製成的作品具甘甜味。而溼度與露水，能夠讓可見光中的紅、橙光藉由漫射得到增強，有利於茶樹生長。

茶樹喜愛的生長環境

· 年均降雨量1500mm
· 霧氣濃厚
· 有河川水氣
· 相對濕度維持在80%以上

影響 →

保水量充足
製成作品具甘味

濕度、霧氣
有助茶樹生長

🍃 土壤

影響土壤主要的因子可分成土質、酸鹼度、與沃度三方面來看。

茶樹宜生長在潮溼但排水良好的土地，並具一定的固態、液態、氣態比例，砂岩、頁岩通透性高且水層深厚的土質，利於根系發展與排水；反之，黏土不易排水、土表底下接近硬岩塊的土壤不易扎根，較不適合茶樹，土壤中的微生物、與蚯蚓等動物，也能幫助疏鬆土壤。

而土壤內所含的特殊養分結構，包括利於茶樹生長的有機質，以及不同產區獨特的稀有元素與無機礦物質，不但有利於茶葉生長，更能創造出作品獨幟一格的香氣。因此古老沖積土或古老岩石形成的殘積土，較現代沖積發育的土壤更適合茶樹生長。世界三大高香紅茶的產地，中國祈門、印度大吉嶺與斯里蘭卡的高地茶區，土壤中皆有明顯較高的礦物質與有機物。

土壤的酸鹼度宜在弱酸性約PH4.5～6.5間，土壤中若含鈣，也會妨礙其生長。許多著名的紅茶產區皆擁有偏酸性的土壤，如台灣魚池茶區PH值約為4.5、印度阿薩姆約為5.5、斯里蘭卡則為6.0～7.0間。

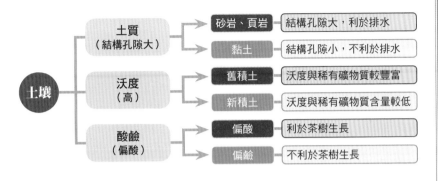

土壤 →
- 土質（結構孔隙大）→
  - 砂岩、頁岩 ─ 結構孔隙大，利於排水
  - 黏土 ─ 結構孔隙小，不利於排水
- 沃度（高）→
  - 舊積土 ─ 沃度與稀有礦物質較豐富
  - 新積土 ─ 沃度與稀有礦物質含量較低
- 酸鹼（偏酸）→
  - 偏酸 ─ 利於茶樹生長
  - 偏鹼 ─ 不利於茶樹生長

▼坡向

坡向對茶樹生長的影響主要表現在向陽與背陽、迎風與背風上。茶園的坡向影響太陽輻射量的接收度，大體而言，向陽坡的太陽輻射總量比背陽更多，因此，向陽坡的生長季較長、相對溼度低，而北坡則會有較長的霜期；迎風坡能獲得更多水氣滋潤，而背風坡則要注意是否有焚風的影響。某些產區在眾多地理環境的交互作用下，坡向成為很重要的影響關鍵，例如位於山岳東側的斯里蘭卡烏瓦（Uva）茶區，冬季有東北季風挾帶之雨量，因此七～九月為其主要產季，配合夏季充足的光照，產出的作品較具強勢的刺激性，玫瑰薄荷澀味成為其特色；反之，位於山岳西側的努瓦拉埃利亞（Nuwara Eliya）茶區，則因夏季受到西南季風雨量影響，最佳產季一～三月較低的氣溫與光照，創造出的作品滋味較醇和清新。同樣位於山岳西側的汀布拉（Dimbula）產區，產季亦受季風影響，一～三月為最佳。

> ∫INFO 高山丘陵對茶葉品質的影響
>
> 常見到許多茶區位於高山丘陵，這是由於高山地帶擁有較多受地壤風化的石礫，土壤具通透性，稀有礦物含量較多；隨海拔高度增加，雨量水氣增加，溫度遞減，鮮葉中累積較多的氨基酸與芳香物質，使製成的紅茶作品偏鮮爽甘醇而具香氣；而高山較多的水氣與植被也有利於形成漫射光。位於喜馬拉雅山麓的印度大吉嶺產區；斯里蘭卡的高地茶園如烏瓦（Uva）以及台灣近年來推行的阿里山紅茶都是高地紅茶的代表作。
>
> 雖然高地提供了一個適宜茶樹生長的環境，但並非只有高山才能創造好的紅茶作品，且海拔過高的產區也較容易發生凍害。中國祁門紅茶中評價最高的作品，反而來自海拔400公尺左右的中低山區。

❧莊園管理

一件好的紅茶作品不能缺少好的原料,除了茶園天然的地理環境外,也需要有良好的管理機制。茶園管理的內容繁多,以下就施肥、病蟲害、植被、與剪枝簡略說明。

☘ 施肥

茶樹生長所需要的元素中,可從大氣與水分裡得到碳、氫、氧,其它主要元素如氮、磷、鉀,與各種微量礦物質,皆靠根系在土壤的吸收,這些元素除了土壤自然地力的供給外,主要就是靠人為施肥。氮是組成氮基酸、蛋白質、咖啡鹼、核酸等物質的原料,對茶樹生長影響很大;磷是糖磷酸酯、磷酯等物質的成分之一,同時也能提高光合作用強度,促進茶多酚等物質累積;鉀則是合成碳水化合物及含氮化合物的重要物質之一。適當地混合施用肥料,能確保鮮葉擁有豐富茶質。

☘ 病蟲害

一般而言,高溫的氣候較容易導致茶園發生病蟲害。一旦發生茶樹的病害與蟲害將嚴重影響鮮葉的質與量,不同的品種抗害能力也不一,為了防制及降低病蟲害帶來的損失,通常茶園會選擇栽種抗害能力較高的茶種,或將茶園劃分區塊植種不同茶種,以避免病蟲害蔓延。

眾多蟲害中小綠葉蟬(學名 Jacobiasca formosana Paoli)是較具經濟價值的一種,溼熱的夏季是繁殖的高峰。小綠葉蟬會吸食茶樹嫩葉的汁液,經吸食的部位輕則出現褐紅色斑點,嚴重則會使葉片停止生長而脫落,但取自綠葉蟬著涎後的茶菁為原料,能做出帶有蜂蜜熟果味的作品。花蓮舞鶴生產的蜜香紅茶,即是一例。

╭INFO╮ 小綠葉蟬創造蜜香的原理

小綠葉蟬吸食茶樹的鮮葉後,茶樹會啟動特殊的生理機制,代謝出特殊具花果蜜香的化學物質,用以吸引小綠葉蟬的天敵,翅小蜂與白斑獵蛛等前來捕食小綠葉蟬。這些茶樹異常代謝的物質,經由適當製程產生的特殊蜜香味與濃醇口感,為紅茶帶來另一種風貌。

🍃植被

天然的植被如印度阿薩姆茶區內的雨林，能涵養水源、調節產區氣溫與溼度。在茶園的人工植樹，有的群聚於某一區，有的則規則地平均分種於茶園，除了調節茶園小氣候外，也有助於遮陽與水土保持。

植被對茶園的影響如下：

1. 遮陽，阻擋陽光直射，增加光線照射到其它物質再折射至葉面的漫射光，漫射光有助於增加含氮物質。

2. 水土保持，茶園植草或樹能防止雨水對地表沖刷的侵蝕力，對位處山坡地如印度大吉嶺等茶區特別重要。

3. 調節茶園小氣候，包括空氣濕度、增加地面覆蓋度達到涵養土壤裡水分、有機肥力。

紅茶原料

生長環境

紅茶品種

紅茶製程

分級制度

大吉嶺塔爾波茶園的松樹林
→得以調節茶園小氣候

阿薩姆迪克山茶園中的樹木→可以減少直射陽光增加漫射

©趙立忠

♪INFO♪ 什麼是茶園小氣候？

茶園內受地形、坡向、坡度、湖泊、河海、土壤植被等影響，形成了局部且自成一格的地理環境特徵，又稱區域性氣候。

🍃剪枝

為能延長茶樹經濟效益年限與產量，不同時機施予不同程度之修剪有其必要性。剪枝主要能提高發芽量、刺激茶樹生長、便於管理。主幹的芽經過採摘後生長受抑，會向兩旁側芽發展因而能增加發芽量；透過不同程度的修剪，打破茶樹體內碳／氮比，與樹根／樹冠比，能刺激甚至活化茶樹生長；而修剪後的樹形，通常是樹冠能夠接受日照面積最大的形狀，同時，也利於管理與機器採摘作業的施行。

茶樹修剪通常與地面垂直，並修成扇型或倒三角型，使樹冠能接受陽光的面積最大。

實例

位於大吉嶺葛朋漢納茶園的茶樹經由台刈（深剪枝，刺激嫩芽長出，或使茶樹從基部重新長新枝，更新茶樹生長）活化老茶樹。

紅茶品種

茶樹依茶種個性，在不同環境下生長，帶有其天然環境下的獨特風味，再經由不同製程，各色紅茶會有相異的風格。莊園或茶農依經驗與技術各自選用不同茶種完成作品，品紅茶時，能從中體會並享受茶種帶來的口感特色，以及增添品賞紅茶時的樂趣。

🍃 茶樹簡介

茶樹是多年生的木本常綠植物，歷史記載最早發現於中國，屬山茶科（Theaceae）、茶屬（Camellia）中極為重要的經濟作物。茶樹為異種繁殖作物，自交成功率相當低，異交所得種子由於父母本不同，皆可視為一個新的品種，加上人工的育種，長久發展下來有非常多的亞種。

紅茶原料

生長環境

紅茶品種

紅茶製程

分級制度

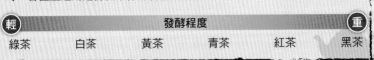

INFO 發酵程度決定了茶的分類

我們常聽到茶的分類方法，綠茶、白茶、黃茶、青茶（烏龍茶）、紅茶、黑茶，主要是依發酵程度造成色澤差異而分類，而非紅茶由紅茶樹製成，綠茶原料採摘自綠茶樹。換言之，每一種茶種皆能做出不發酵的綠茶與全發酵的紅茶，只是成品的口感會因茶種不同而有所差異。因此在製作紅茶時，會儘量選用適合紅茶作品特性的品種，

輕	發酵程度				重
綠茶	白茶	黃茶	青茶	紅茶	黑茶

❧ 大葉種與小葉種

茶樹有非常多的亞種，一般較常見的分法是依葉部形態區分成大葉種（C. Sinensis Var. Assamica）及其變種，與小葉種（C. Sinensis Var. Sinensis）及其變種。西元一八二三年英國於印度阿薩姆發現野生的大葉種茶樹，在試製紅茶後獲得好評，於是大量於殖民地推廣種植。因此大葉種又稱阿薩姆種，與取自中國武夷山，葉片性狀相對較小的茶種做出區隔，而這種葉片較小的茶種，又被稱為中國種或中國小葉種。

🍃 大葉種介紹

葉綠體較多、光合速率較高、節間短；葉質薄而柔軟、角質層薄、抗寒力弱，碳代謝強烈，茶多酚總量、和酚／氨比值較大，著名的大葉種作品產區包括：印度阿薩姆、中國雲南、台灣南投魚池等地。

🍃 小葉種介紹

葉綠體較少、光合速率較低、節間長；角質層厚、葉質厚而硬脆、抗寒抗旱力強，氮代謝強烈，氨基酸總量、和酚／氨比值較小，著名的小葉種作品產區包括：印度大吉嶺、中國祈門、台灣阿里山等地。

✧育種

為取得適製紅茶的品種，或將優良的茶樹基因結合、保存，一個成功的育種長則需數十年，一杯紅茶背後隱藏著浩大的工程。

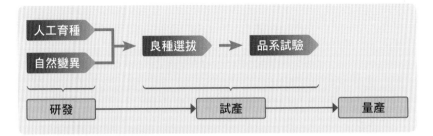

🍃人工育種與自然變異

為了取得良好的品種，在品種的育成上常會利用自然雜交的變異，或使用人工雜交等方式，取得後代茶苗或變異之單株個體。為了能提高成功機率，在育種選擇親本時通常會選擇有優良性狀的茶種，而特色相異的茶種。如此經過雜交基因重組後，才更有機會取得良好遺傳且歧異度大的後代。

🍃良種選拔與品系試驗

取得雜交種子播種後，會經過數次的選拔，從播種後的新芽開始，至單株個體開始有產出，記錄並選出較優良的個體。選拔出的優良個體尚需更多數量上與區域上的植種實驗，才能確認其經濟生長價值。是否有經濟生長價值的依據通常會考量品種的抗逆性、適製性、產量、產季生長時間等因素。

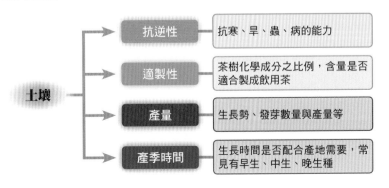

有性與無性生殖

一般在採購紅茶時,很少會注意茶樹的繁殖方式,一方面實際品嘗已經將作品的風貌具體描繪出來,另一方面台灣茶為能將品種的優良特性在作品上穩定呈現,幾乎皆是採用無性繁殖的方式。然而,在擁有較長紅茶歷史的產區,依然保有大量以大有性(種子)繁殖的老茶樹,接下來認識有性繁殖與無性繁殖究竟有什麼不同。

INFO 有性繁殖與無性繁殖的比較

比較	有性繁殖	無性繁殖
性狀表現	較混雜不齊	較整齊一致
根部成長	主根明顯	無主根
抗寒、旱能力	較強	較弱
繁殖存活率	較高	較低
機採作業	較不適	較適合

有性繁殖

有性繁殖下,茶樹透過種子的遺傳作用,傳承或帶有變異,特別是生長環境的改變,或植種方式的差異,會使差異更明顯。種子繁殖的茶樹有明顯主根,強而有力的主根能破土,深入土壤層吸取養分與水分,因此抗寒、抗旱能力較強,存活率也較高。印度大吉嶺產區,保留了許多英國殖民時期由種子繁殖的茶樹,這些近百或逾百年的老茶樹利用發達的根系,吸取古老大陸底層的稀有礦物元素,是製成高香紅茶作品的關鍵之一。

無性繁殖

無性繁殖下，茶樹透過阡插法，取得母株的枝葉，能完全複製品種的優良基因。阡插繁殖的茶樹僅有鬚根而無主根，養分吸收依賴施肥以穩定生長，葉片有較發達的吸溼能力，以補捉空氣中的水分，因此溼度與霧氣也相對重要。

為提升作品品質與穩定性，台灣的作品多以阡插法（過去使用壓條方式）無性生殖，將良種的香氣與滋味完整保留，有利採摘茶菁時的勻整度與後續加工製程。許多新世界的紅茶產區，藉由無性生殖的生長性狀與發芽整齊的特性，也有助於提高機器採收的品質。

© 趙立忠

無性繁殖下的茶曲無主根僅有鬚根，因此較為嬌弱。

認識紅茶的製作方式

由於東西方文化的差異與國際市場的需求，世界著名的各大茶區，在紅茶充分發酵的概念下，發展出一系列能凸顯其作品特色的製程模式。做為紅茶始祖的中國，以單品的工夫紅茶著稱；許多新興紅茶產國如肯亞，以CTC製程生產的作品，則是混合茶中常見的基茶。認識紅茶的製程，有助於了解紅茶作品的風格與特性，理解何以在製程的差異上影響紅茶的風味，掌握製程的基本概念，對選購與品評都有所助益。

🍵 紅茶製程的概念

製程是影響紅茶呈現面貌的關鍵。製作紅茶前，需先將採摘下來的鮮葉（茶菁）脫失一些水分，稱之「萎凋」，以利後續製程。經過萎凋，能將鮮葉水分降至適宜揉捻的比例，揉捻則能夠破壞葉片組織，使外溢的汁液在沖泡時更快速溶解於茶湯中。揉捻時，紅茶的發酵作用亦開始進行，紅茶的發酵程度也決定了最終製品的特有品質，接著，在適當時機高溫乾燥茶菁以停止發酵即完成初製工程。

一般而言，紅茶的製程可分為以下初製、精製、後製加工主要三個階段：

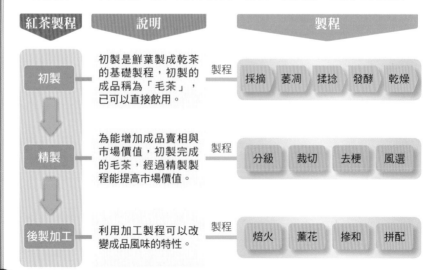

紅茶製程	說明	製程				
初製	初製是鮮葉製成乾茶的基礎製程，初製的成品稱為「毛茶」，已可以直接飲用。	製程	採摘 萎凋 揉捻 發酵 乾燥			
精製	為能增加成品賣相與市場價值，初製完成的毛茶，經過精製製程能提高市場價值。	製程	分級 裁切 去梗 風選			
後製加工	利用加工製程可以改變成品風味的特性。	製程	焙火 薰花 摻和 拼配			

依製程與成品分類紅茶

紅茶初製的過程，在鮮葉採摘後不外乎萎凋、揉捻、發酵與乾燥四個步驟。但在各產區不斷改良、學習下，發展出具差異性的製程，製成作品風味亦各有特色。目前世界各產區的主要區分為「揉切紅茶製程」與「非揉切紅茶製程」兩大系，依製程又可細分為下列幾種：

1.揉切紅茶製程

紅茶西傳後，西方國家改良中國紅茶製程，使用的揉捻方式較強烈，即使是生產完整葉片的傳統製程，也可能會在過程中揉破茶葉。而陸續發展出的CTC與切菁製程，在揉捻的程度則更甚傳統製程，成品也較破碎。揉切紅茶能大量生產、有完整的分級制度，是全球主要的紅茶製程類型。

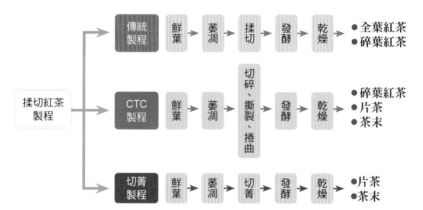

2.非揉切紅茶製程

小種紅茶是中國最早的紅茶製程，「過紅鍋」與「燻焙」為其特有製程；由於手續繁複，各省其它產區皆依小種紅茶的製程方式為基礎，發展出工夫紅茶。作品乾茶講求完整美觀，揉捻時也要避免劇烈，是與西方發展出的揉切紅茶最主要的差異處。

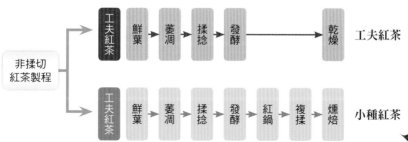

❧傳統紅茶製程與作品特色

傳統紅茶製程是最古老的揉切紅茶製程，由中國傳入印度、斯里蘭卡等主要紅茶產地，因廣泛運用於主要紅茶產地，旋即成為紅茶的主流製程。以傳統紅茶製程為主軸的分級制度也因此誕生，因此，傳統紅茶（Orthodox Tea）又稱為「分級紅茶」，全球約百分之三十五的紅茶產量來自於傳統製程，是運用最廣的紅茶製程之一。

傳統紅茶（Orthodox）作品特色

- 主要生產國家：印度、斯里蘭卡、中國、印尼等。
- 主要產出等級：葉茶（P）、碎茶（B）、片茶（F）、茶末（D），其中產出的全葉茶，是國際紅茶主流的單品紅茶之一。
- 作品特色：葉茶成品條狀緊實美觀，氣味高香且茶湯乾淨明亮，味醇質厚，濃度刺激性較低；碎茶類則適於調配混合紅茶。
- 適飲狀況：單品紅茶、混合紅茶、薰香紅茶、摻和花茶、調製奶茶、調製果茶。

大吉嶺納姆嶺莊園夏摘
等級：SFTGFOP1

🍃傳統紅茶（Orthodox）製程

傳統紅茶製程所產出的紅茶各種等級皆有生產，詳細的製作流程說明如下：

1 採摘

當茶葉生長到可供採收標準時，即可自茶樹採摘下來，即為製茶的原料（茶菁）。傳統紅茶製程採摘標準為一心二葉；在高海拔地區，茶樹生長、老化較緩慢，有時一心三葉仍鮮嫩適採。這些較新嫩的芽葉，含豐富養分，亦有高飲用價值。採摘一心四葉時，第四葉通常老化程度較高，發酵也較困難。

在茶區廣大、山路難行的莊園，甚至會架設纜車，將採摘後的鮮葉直接送抵工廠，以確保新鮮度同時避免人為損（折）傷。茶菁受傷的部位無法配合其它葉片同步發酵，影響成品風味。

▲大吉嶺葛朋漢納莊園（Gopaldhara Tea Estate）使用的纜車系統。

2 萎凋

萎凋是將鮮葉攤平於萎凋槽，使之散失部分水分的過程。萎凋過程中水分逐漸減少，使酶濃度相對提高、鮮葉內部的酸化使PH值降低，酶在偏酸的環境下活性較強，酶能夠促進紅茶發酵，幫助紅茶形成獨特的色、香、味。而脫去部分水分也使葉片變得柔軟，便於後續「揉捻」製程。

萎凋消水
萎凋過程中，若無法即時將鮮葉細胞的水分送出，不利發酵，則會使成品苦澀味增強。

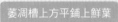
萎凋槽上方平鋪上鮮葉

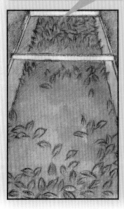

萎凋槽下方中空以利通風

視天候狀況開啟，能送出冷、熱風或自然風

3 揉捻

揉捻是利用扭、壓等力量破壞茶葉的細胞組織。細胞破壞後葉中的成分能與酶充分結合，加速氧化作用；在施壓的同時，芽葉受到外力而成條索狀，達到整型效果；而外溢的茶汁，附著於葉表，能幫助沖泡時，充分並快速地得到茶味。

傳統紅茶製程，茶菁萎凋後，需經過平揉機反覆揉捻4～6次，每次約15～30分鐘。嫩芽、新葉滋味充足且容易破損，揉捻時次數要少而不能太劇烈；反之，愈成熟的葉片滋味平實，需要更多的揉捻方能彰顯其滋味。經過適當揉捻後的茶稱為「Fine Tea」。

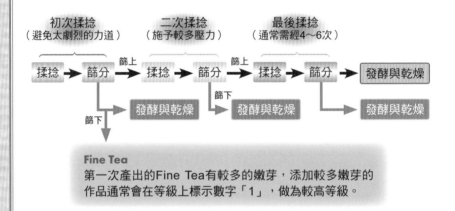

Fine Tea
第一次產出的Fine Tea有較多的嫩芽，添加較多嫩芽的作品通常會在等級上標示數字「1」，做為較高等級。

INFO 黃金芽葉「Goden Tips」

細嫩的茶芽端，因為揉捻而使豐富茶質外溢，與之接觸的茶被茶質染色後，呈現炫目的金黃色，就是所謂的「黃金芽葉Goden Tips」。但由於不同的產區、季節，採摘下的嫩芽茶質成分、比例均有所差異，形成的顏色也不盡相同，夏摘的阿薩姆作品為金黃色；春摘大吉嶺為青綠色、夏摘則呈現銀白色。

4 發酵

茶葉經過揉捻後,需靜置使其與氧氣充分接觸發生氧化作用,這個過程就是發酵。

過程中,發酵葉的色澤由鮮綠逐步轉為黃綠→綠黃→紅黃→紅褐,香氣由青草香→清香→花香→果香→麥芽香。發酵作用決定了紅茶沖泡時所呈現的湯色、香氣、滋味。因此,掌握發酵最適時機,成為決定紅茶作品風格的關鍵。

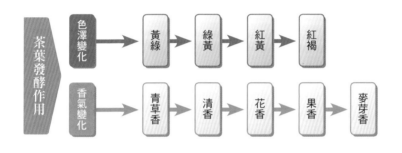

INFO 紅茶與紅酒的發酵

長久以來,我們一直認為紅茶的發酵是由微生物引起,就像酵母菌對葡萄酒的作用,發酵(Fermentation)一詞也就順理成章用於紅茶。直到一九四〇年代,才由科學家發現「茶多元酚氧化酵素」這種能催化紅茶氧化的物質,證明即使在無菌的狀態下,紅茶也能自然發酵。這種類似於蘋果削皮後的氧化褐變,比較精確的說法應該叫做氧化(Oxidation),或紅茶發酵(Tea Fermentation),唯發酵這個名詞已廣為使用,於是一直延用至今。

5 乾燥

經由發酵後,傳統紅茶製程必須經過一次高溫而快速的乾燥過程,除了降低溼度以利保存外,同時能停止發酵、鎖住香氣,凸顯紅茶作品迷人的高香。

✄CTC紅茶製程與作品特色

一九三〇年代，為改良傳統紅茶製作工法的費時、高成本，發明了CTC製法，由於CTC紅茶製作時不會去除莖、梗，會連同一起加工，成品產量遠高於傳統紅茶，所以可以大量生產又壓低成本。目前 CTC製程方法受到斯里蘭卡、肯亞等許多新興紅茶生產國採用，占全球紅茶產量六成左右，是碎型紅茶主要的製程方法。雖然陸續發明了其它新式碎型紅茶的製程方法，但歷經應用改良，大多成為輔助CTC製程的工具，CTC紅茶宛如碎型紅茶的代名詞

CTC紅茶（Crush Tear Curl）作品特色

- **主要生產國家**：印度、斯里蘭卡、肯亞、孟加拉等。
- **主要產出等級**：碎茶（B）、片茶（F）、茶末（D）。
- **作品特色**：成品呈結實的顆粒狀，深黑色外觀。CTC紅茶沖泡簡易、溶解速度快，沖出茶湯的刺激性、濃度較高，色澤亦較深而香氣不揚。
- **適飲狀況**：混合紅茶、調味紅茶／奶茶／水果茶、茶包紅茶。

➤CTC紅茶製程

CTC（Crush Tear Curl）紅茶製程是將製程中的揉捻步驟替換為使用具有切碎（Crush）、撕裂（Tear）、捲曲（Curl）功能的CTC揉切機，將茶菁形成大小約1mm顆粒狀的紅茶作品。製程較傳統紅茶省時，成品因為是切得細碎的碎茶，沖泡時在極短的時間內即能釋出濃厚茶味的茶湯，詳細的製作流程說明如下。

1 採摘

CTC製程的採摘標準為一心二葉及一心三葉，相對在採摘勻度的要求上，較傳統製程低，鮮葉老嫩差異亦較大。由於成品呈現切碎狀，葉、梗均已在製程中切碎，無法從外觀判別，只能以實際口感或輔以等級資訊來審評。

INFO 人工採摘時的品質控管

許多茶區的採摘作業仍是以人力為主，除教育訓練問題外，薪資的配給制度也間接影響採摘品質。由於人力需求浮動，產季時往往需要較多的人力，茶園臨時在外招募的約聘員工，酬勞通常論重計資，這些臨時約聘採茶手為了能加快採摘速度與增加重量，往往無法兼顧品質，所採茶菁老葉、嫩葉皆有，導致勻整度不佳。此外，秤重的過程中，也拉長了鮮葉從茶園運送到工廠的時間，影響新鮮度。

2 萎凋

接著，是將茶菁脫去水分的萎凋作業。生產大量CTC紅茶的工廠，為避免天候影響製程時間，大部分會建構由數條溝槽的熱風萎凋室，可以因應需求送入冷、熱風，若室外溫度得宜，自然風則能降低成本。

3 切碎、撕裂、捲曲

若以傳統紅茶製法來看，是利用揉捻的方式揉破茶細胞，使茶質易於沖泡時溶出，但此法較為耗時費工。而CTC製法則利用兩個轉向相反，轉數相異且布滿鋸齒的滾筒，造成切碎、撕裂、捲曲葉片的效果，充分地破壞組織。葉片組織被破壞後，能幫助後續發酵作業更快速，並使作品沖泡出較深紅的茶湯色澤。

CTC製程通常經過二或三組滾筒，有時在滾筒前後或搭配不同類型的揉捻機器，用以協助作業。

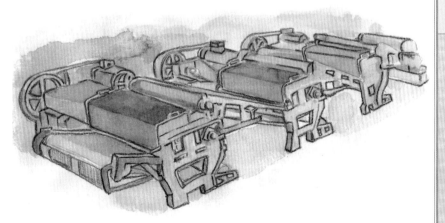

∫INFO 其它碎型紅茶的技術

自一九三〇年CTC製程問市以來，陸續也發展出各種能大量製造碎型紅茶的技術，雖然仍有產區完全採用這些方法，但大多已轉變為輔助CTC製程的設備，這些技術主要有：

1. 螺旋壓榨機製法（Rotorvane）：一九五〇年代問世的技術，利用碎肉機原理，讓鮮葉通過旋轉方向相反的兩個扇頁，由扇頁的數量與角度決定鮮葉榨切的程度。
2. 機鎚擊製法（Lawrie Tea Processor，LTP）：一九六〇年代於馬拉威問世，類似杵臼的動作方式，加裝刀片組與高速旋轉，以切碎鮮葉，棕紅鮮爽的作品是其特色。

4 發酵

CTC製程特色是盡可能讓製程在同一條輸送帶上，連貫性作業以加速製程。因此發酵的設計亦大多是在生產線上完成。由行進緩慢的輸送帶下導入低溫高濕的空氣控制發酵，發酵從開始到結束需約50～80分鐘。

5 乾燥

不同於傳統紅茶製程的一次烘乾，CTC紅茶通常需經兩次烘乾。第一次烘乾目的在於停止紅茶發酵；第二次烘乾製程則著重於紅茶精製，降低含水量也達到類烘焙效果，CTC紅茶茶湯的明暗度與碳烤香，皆與初製過程中的乾燥製程相關。

✥切菁紅茶製程與作品特色

切菁紅茶製程概念源自於剪菸機。為了克服雨天溼度高，萎凋不易的天候狀況下誕生。由於切菁時會將茶菁的水分快速移除，同時增加與空氣接觸面，能夠將茶菁脫水、快速乾燥，取代費時且易受天候影響的萎凋作業。

切菁紅茶（Legg-Cutting）作品特色

- **主要生產國家**：印度、斯里蘭卡等。
- **主要產出等級**：片茶（F）、錫蘭茶末（D）。
- **作品特色**：成品茶湯呈現鮮紅水色，茶溶解速度極快，茶味明顯而香氣不揚。
- **適飲狀況**：茶包紅茶、大宗紅茶、罐裝飲料茶。

➤切菁紅茶製程

切菁紅茶製程特色在於，藉由切菁機將鮮葉裁切成絲狀，成品以片茶、茶末為主，適合使用機器大量採摘及大宗生產，但不若CTC法普及。

1 採摘

切菁紅茶的成品為片茶與茶末，對分級的要求不高，所以採摘鮮葉時的要求度最低，適合機器採收。透過機器採收的茶，快速不受人力問題影響，適合大宗紅茶類採用。

日本的機採作業

2 切菁

接著，將鮮葉送進切菁機直接切製成絲狀茶菁，由於切絲時鮮葉能快速脫水乾燥達到適宜比例，所以取代較費時的萎凋作業。不過，雖然切絲雖能取代萎凋的走水，但並不能取代萎凋過程中大分子水解的化學變化，因此切菁紅茶的作品基本上重口味而失香氣，適用於製作調製茶或茶包。此外，由於成品細小，茶湯沖泡速率高、時間短，沖泡簡便，沖泡時所需要的茶量也最少。

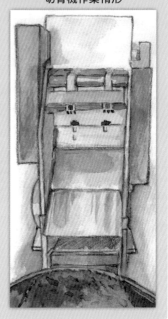

切菁機作業情形

INFO 切菁機的誕生

切菁製程最早的概念來自剪菸機，一九二五年北印的壞天氣，嚴重影響了茶葉的製作，為了能讓鮮葉在潮溼的天氣降低含水比，於是想出了利用剪菸機裁切鮮葉的方式，讓鮮葉在切碎的過程中，細胞水分能快速流失。

3 發酵

由於茶菁在切菁過程中與空氣接觸的表面積廣大，發酵所需時間也較傳統紅茶製程短而產量大。

4 乾燥

乾燥方法大致和傳統紅茶製程相同，但由於切菁紅茶體積小，含水量較低；同時空氣接觸面大，乾燥效率較傳統紅茶高。

工夫紅茶製程與作品特色

十八世紀中，中國福建省在小種紅茶（參見P47）的製程基礎上，發展出工夫紅茶的做法，是中國傳統而特有的紅茶製程。作品通常會冠以產地名程，例如祈紅、滇紅、川紅、宜紅等等，各產區的作品各有其獨特風味，年產量約占紅茶市場5%。

工夫紅茶（Gongfu Black Tea）作品特色

- **主要生產國家**：中國、印度大吉嶺等。
- **主要產出等級**：葉茶（P）。
- **副產品**：碎茶（B）、片茶（F）、茶末（D）。
- **作品特色**：葉茶成品高香味濃，茶條細嫩、茶湯紅艷明亮，茶質豐富。
- **適飲狀況**：單品紅茶、混合紅茶。

滇紅／等級：P

工夫紅茶製程

工夫紅茶的作品要求芽葉的完整，條索結實緊緻。由於枝葉連理，無論在製作過程或沖泡方法，都有深奧的學問，故稱為「工夫紅茶」。以下簡介工夫紅茶製程：

1 採摘

工夫紅茶對鮮葉品質的要求度高，產季採茶嚴格實行分批、及時、多次採摘，各產區有獨立制訂的採摘標準，但標準仍以一心二葉、一心三葉為準則。以滇紅為例，鮮葉等級分為五級，除了特級茶為一心一葉，其餘皆以一心二、三葉為主。採摘時，通常是以人工手採的方法，才能保持對鮮葉品質的要求。

2 萎凋

和傳統製法相同，需將採摘下來的茶菁靜置脫水去除40%～50%的水分，使茶菁呈現萎凋的狀態，對工夫紅茶而言，萎凋的化學變化和物理變化一樣重要，葉內中的大分子，需要足夠時間轉化成較低階形成茶湯色、香、味的前趨物質，利於後續的揉捻與發酵製程，製茶師會觀察茶菁香氣、柔軟度，或掌握含水率，找到萎凋最適時機，省略萎凋將難以獲得理想茶香。

INFO 一般萎凋方法

將茶菁脫去水分的萎凋方法有以下三種：

1. 日光萎凋：日光萎凋能做出獨特風味的紅茶作品，但強光亦會造成嫩芽曬傷，日光強弱與天候變數較難掌握。
2. 室內萎凋：室內萎凋成本低，但受天候變化影響頗大，晴天時一般需要15～22小時之間，雨天萎凋通常不超過48小時。
3. 熱風萎凋：在室內建構萎凋槽，將鮮葉靜置於槽面，而槽下有熱風輸送。受天候影響小，約在8小時內可完成萎凋工序，適合大規模生產。

---

3 揉捻

工夫紅茶在揉捻上的特色，強調在保持芽葉完整的情況下，達到最適度的揉捻，所有部位承受相同程度的揉捻後，依然保有一定的差異性，因此在沖泡的技巧掌握上也最複雜，隨著茶水比、時間、溫度的變化沖泡出來的茶湯各有其不同風味。一般來説，工夫紅茶需要重覆揉捻2~3次，使細胞損傷率超過80%以上。

4 發酵

與其它類型的發酵製程相同。溫度需控制在25～30℃左右，相對濕度90%以上，此時的多酚氧化酶活性較強。發酵過程中，多酚氧化酶促進茶葉發酵，產生鮮爽明亮茶黃素，具強烈口感；茶黃素繼續氧化則生成較溫和的茶紅素，具醇味與甜味是紅茶的主體；最後與蛋白質、多糖等組成深暗色的茶褐素，過多的茶褐素則會使茶失去滋味。紅茶的發酵在一系列的化學變化中，找到最適宜的發酵停止點。

5 乾燥

工夫紅茶需經兩次乾燥。第一次的乾燥稱為「毛火」，用高溫停止發酵、以利水分蒸發；第二次乾燥稱為「足火」，低溫慢熬的乾燥法，能揮發低沸點的青草味，釋放高沸點的芳香物質，形成紅茶特有的甜香。

❧ 小種紅茶製程與作品特色

小種紅茶（Souchong）源自中國福建省星村鄉桐木關，位於武夷山海拔700～1200公尺處，是世界紅茶的起源，也是最早的紅茶製程，由於外銷市場的需求，小種紅茶製程很快便傳到其它省分。英國人最初所接觸的紅茶就是產自武夷山的正山小種紅茶，因其特殊的桂圓與松煙香氣深受英國人歡迎，而形成自貴族逐漸普及至平民的品飲紅茶習慣。

小種紅茶（Souchong）作品特色

- ■ 主要生產國家：中國。
- ■ 主要產出等級：葉茶（P.）。
- ■ 副產品：碎茶（B）、片茶（F）、茶末（D）。
- ■ 作品特色：條索結實肥厚，色澤條索肥實，紅艷濃醇，帶有桂圓與松煙香為其特有風味。
- ■ 適飲狀況：單品紅茶。

紅茶原料

生長環境

紅茶品種

紅茶製程

分級制度

INFO　小種紅茶的分類

正山小種紅茶因為獨特的生態環境使得紅茶風味特殊、產量有限，只有產自桐木關的小種紅茶才能稱為「正山小種」或「拉普山小種」，桐木關以外仿小種紅茶製程的作品，則稱為「外山小種」。

「正山小種」經發酵，有自然的松煙味和桂圓香；其它產區以小種製程做出的紅茶，則必在後製時以松木薰香，才能讓茶充滿小種紅茶的獨特香氣，這種靠後天加工特殊香味的茶，也被稱為「煙小種」。

❧ 小種紅茶製程

小種紅茶是中國特有的紅茶製程，多了過紅鍋和燻焙的工序，也因為如此，形成小種紅茶的特殊風味。而其它幾項製程則與工夫紅茶相似，或有人將其歸類成工夫紅茶一類。

1 採摘

小種紅茶的採摘品質要求與工夫紅茶類似，一般採摘標準為一心二葉或一心三葉，也有採摘單芽，如正小小種的金駿眉、與一芽一葉如正山小種的銀駿眉的作品。

2 萎凋

小種紅茶萎凋如同工夫紅茶，待鮮葉組織軟化、失去原有光澤，而葉脈呈透明狀時，若已有清香味散逸，即是開始揉捻的最佳時機。

3 揉捻

當茶菁的水分適度地脫去至最適狀態時，即可將變得柔軟的茶菁揉捻。小種紅茶最早是用手或腳揉，經過長時間細捻以揉出葉汁，使茶葉可以充分發酵，而後演進利用水的推力，近代則導入機械取代人力，大幅減少作業時間。

4 發酵

傳統小種紅茶的發酵做法，是利用灶上加溫或陽光熱度，創造適於發酵的環境。現代則有專屬的發酵室或其它設備，發酵過程與工夫紅茶製程相似。

5 過紅鍋

過紅鍋是傳統小種紅茶製程的乾燥方式。加熱鍋溫後用雙手翻炒2～3分鐘，利用高溫停止發酵，同時小種紅茶製程的成品亦因此達到提升香氣、濃度的目的。鍋炒的技術也是成品的色香味的關鍵之一，時間過長會使葉片焦黃，煙火焦氣太重；過短則無法將香氣濃度提升至高點。

6 複揉

複揉即是再次進行揉捻，目的在於整型。炒鍋後茶條會鬆弛，通常會趁著鍋炒後的餘熱，再次進行揉捻，成品才會緊實。

7 燻焙

此步驟為小種紅茶特有的工序。首先，將複揉的茶葉攤平在竹篩上，並透過燒松木燻煙的方式，使得茶葉吸附松香。小種紅茶利用松木燻製的獨特過程，創造出獨特的煙燻香味。

🎋 紅茶的精製與後製

初製後的毛茶已是成品，可以直接飲用，但為了能增加其價值，或改變成品風味、特性，通常會加上精製與後製的製程。

🍃 紅茶精製製程

為了掌握品質、增加成品賣相，初製的毛茶還需經過精製製程，將毛茶做篩分、分級，挑出茶梗或整理成品外形，讓成品美觀，汰除品質不佳的成品。精製常見的手法有：

☕ 分級

依照成品的分級標準，將毛茶用篩分的方式做分級。篩分是利用不同大小形狀的篩網過濾不同等級的茶葉成品，如葉茶、碎茶、片茶類等。篩分時，透過篩網保留相同等級、外形大小合乎標準的茶葉，去除不合格的茶葉，使成品篩分淨度合乎標準。

☕ 剪切

經過初步篩分後，再檢查是否有外形不符合等級要求的成品。如果有過大的乾茶，則需挑揀起來做進一步地加工處理。挑起後，可以將其剪切成與成品體積大小一致的乾茶，以求視覺一致性的美觀，使其符合同級類茶的外觀標準。

☕ 去梗

去梗又稱拔莖、拔梗。利用人工去梗，或機器因光學原理將茶梗挑出。較老的梗主要為纖維質，成色較淺、質硬而營養價質較低，經過去梗的成品美觀度較佳。

> 去梗未必全然與口感提升劃上等號，梗中含有大量具甘味的氨基酸，能使紅茶更順口。像是以CTC製成的作品，雖然滋味強勁，但製程中也一拼撕碎的莖部，反而可以修飾茶中的澀味。

☕ 風選

最後，利用風扇的風力，剔除加工中產生的茶末、茶角，留下等級標準內的茶。

🍵 紅茶的後製製程

藉後製的方式，能改變紅茶作品風格特性，常見的手法包括：

☕ 1.焙火

焙火能改變茶的個性，焙火愈重，作品口感愈老成穩重，但紅茶作品採烘焙加工較少，經過焙火加工做出有碳燒口味的紅茶，是一例。

☕ 2.薰香

又稱薰花茶，利用新鮮花朵與茶葉混合薰製，使成品帶有薰花香。高級茶利用薰花增加其風味，香氣不足的則能利用薰花彌補缺陷。薰香過的作品擁有迷人香味，但口感仍為原來的茶，有許多經過薰香的作品，刻意摻和著一些被薰製後的花，以講求美觀，經過薰製後的花在口感上已沒有多大影響。

☕ 3.摻和

摻和是指在茶葉內添水果、香料等加入其它調味性的配方，像是薄荷茶、佛手柑茶等等。例如，大家所熟悉的伯爵茶（Earl Grey）據說就是由英國的格雷伯爵（Earl Grey）掌握了在紅茶添加佛手柑油的調味祕方，這款添加了佛手柑特殊配方的紅茶，就稱之為伯爵茶。

☕ 4.拼配

拼配是將不同批次的茶混合，使作品擁有一致性的口感，或稱為品牌茶（Blend Tea）。茶商會依照消費市場喜愛的風味，設計自家販售給顧客的品牌茶，方便喜好該口感的顧客選購，但紅茶風味受風土影響深，因氣候雨量等環境因素，紅茶作品每年會有細微的變化，為求品牌茶口感的一致性，茶商選用2～20種以上不同批號的乾茶相混，使之能保持一樣口感的品牌口感（Blend）。

認識紅茶的分級制度

分級制度是紅茶的特色之一，常會看到國際市場上的紅茶，在等級欄上寫著一串大寫的英文字母如FOP、BOP等，這便是根據鮮葉採摘的部位，與作品最後呈現的完整度（大小）為規範，設計出的等級制度。世界各紅茶產區的等級制度，便是以這兩個因子為基礎發展出來的，其它有自己獨立等級系統的茶區，大體也是以採摘部位、成品完整度（大小）為依歸。

		芽葉完整度			
		全葉茶	碎茶	片茶	茶末
		P （參見P52）	B （參見P52）	F （參見P52）	D （參見P52）
鮮葉採摘部位	茶樹頂端 芯芽毫尖	FOP （參見P55）	FBOP （參見P59）		
	新芽底下 第二片葉	OP （參見P55）	BOP （參見P59）		
	新芽底下 第三片葉	Pekoe （參見P56）	BP （參見P59）		
	新芽底下 第四片葉	Pekoe Souchang （參見P56）	BPS （參見P59）		
	新芽底下 第五片葉	S （參見P56）			
	新芽底下 第六、七片葉	Congou&Bohea （參見P56）			

INFO 各產區的常見等級不盡相同

紅茶的等級看似繁多，各產地常見等級也不盡相同，如產自印度的茶，幾乎每個等級皆有生產，其生產分級繁複至SFTGFOP1，而錫蘭茶通常只簡單以OP、BOP、FOP分級，但大體而言皆以完整度、鮮葉採摘部位做為初步劃分。了解基礎的等級概念後，再輔以產地（參見P60）介紹，便能得到完整的紅茶等級知識。

從芽葉完整度看

芽葉完整度造成的影響，主要是透過體積與表面積大小的差異，影響外觀、沖泡方式、口感香氣與保存方法等。

依成品完整度（葉片大小）區分等級

由製成品完整度（大小），由大而小可依序分為葉茶（P）、碎茶（B）、片茶（F）、茶末（D）四種類型。

全葉茶（P）

P是指Pekoe，乾茶成品約在8mm以上，沖泡後的葉底能明顯看出採摘茶菁的外形，有些或因製程造成葉片破碎，但仍可以清楚辨視出芽、葉，是全葉茶的外觀特徵。

碎茶（B）

B是指Broken，是破碎的全葉茶，乾茶沒有一定尺寸，大葉種的體積會比小葉種大，沖泡後的葉底較無法看出茶菁外形。分級紅茶、工夫紅茶、小種紅茶製程中，免不了會產生破碎的茶葉；或在製程中加入切碎製程都可以獲得碎茶，CTC製程是主要取得碎茶的製作方式。

片茶（F）

F是指Finning，意思是能被風扇吹動的茶片，乾茶大小約在0.5~1mm左右，沖泡後細碎無法分辨採摘部位。各種紅茶製程都會有片茶產生，可以在茶葉精製的過程中得到。

☕ 茶末（D）

D是指Dust，意指如塵土般的粉狀外觀，大小約在0.5mm以下。各種紅茶製程都會產生茶末，可以在茶葉精製的過程中得到。

🍃 完整度（葉片大小）的影響

若將其它變數固定，比較同產區相同茶種，製成的同一批次作品表現如下：

完整度	茶葉（P）	碎茶（B）	片茶（F）	茶末（D）
大小	0～10%	10～20%	10～30%	20～60%
葉片外觀	完整			細碎
溶解速度	較慢			較快
沖泡時間	較長			較短
伸展空間	較大			較小
滋味香氣	清雅			濃烈
回沖速度	較多			較少
氧化受潮	不易			較易

☕ 葉片外觀

依據葉片的完整度劃分紅茶等級，體積較大的自然擁有較完整的芽葉，反之，則小而細碎，到茶末等級已成土狀。有些海拔較高茶區如印度大吉嶺的全葉型作品，由於採摘自小葉種茶樹，加上氣溫較低、採摘較小嫩芽、新葉，在加工製程時容易因揉捻而產生些許破碎，這是分級紅茶常見的自然現象。

☕ 溶解速率

較細碎的茶有較大的受水面積，沖泡時的溶解速率也較快。如將裝有片茶或茶末的茶包丟進熱水裡，茶湯的顏色在瞬間就能有明顯的變化，即是完整度大小的差異。

☕ 沖泡時間

由於受水面積所造成溶解速率的差異，擁有高溶解率的茶相對所需沖泡時間也較短，另一方面體積較小的茶，當已經溶出完整茶質後，久泡也無多大助益。

☕ 伸展空間

完整度高的作品，沖入熱水後會迅速吸收水分，而且原本緊實的葉片伸展開來，足夠的空間能讓茶葉伸展無礙，增進茶湯口感香氣，反之，愈細碎的茶所需空間也愈小。

☕ 香氣滋味

較細碎的茶溶解的速度與比例皆較完整的茶高，相對香氣較盛，而滋味較強，可以調整用量以達口味平衡，這是就相同批次相同條件下而言，但愈細小的茶，香氣也愈容易流失。

☕ 回沖次數

藉由揉捻能將茶質揉附於茶乾外表，因此紅茶容易沖出滋味水色，一般而言，比起其它類型的茶回沖次數也較少。較細碎的茶，茶質更易被完整沖泡出來，回沖次數自然也較少。

☕ 氧化受潮

相對於完整度高的茶，細碎的茶接觸空氣的表面積大，更容易氧化受潮。

🎋鮮葉採摘部位

芽葉因採摘部位相異，所含茶質成分與比例在製程工藝下，劃分出不同等級，對外觀、沖泡與作品特性造成影響。

🍃鮮葉採摘部位説明

鮮葉依生長部位的命名如下：

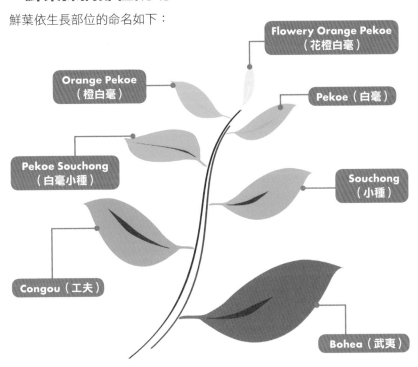

紅茶原料

生長環境

紅茶品種

紅茶製程

分級制度

根據採摘部位，可分成以下幾個等級：

☕Flowery Orange Pekoe（花橙白毫）

帶有花香，色澤橙黃，位於茶樹枝頂端的芯芽毫尖，通常含有最豐富的營養價值，產量少而價格較高。

☕Orange Pekoe（橙白毫）

茶枝新芽以下的第二片葉，仍在成長發育階段，外形較小，營價價值高。

☕Pekoe（白毫）

茶枝新芽以下的第三片葉，是紅茶採摘的基本標準。

☕Pekoe Souchong（白毫小種）

茶枝新芽以下的第四片葉（這裡指的是採摘部位的命名，並非中國產出的小種紅茶），葉片稍大，若採摘此部分的鮮葉，能創造較多產量，但老嫩不一，會有鮮葉品質不穩定的情形。許多特殊地理環境生長的茶樹，採摘時，第四片葉仍未老化，所以，亦有採製價值。

☕S（小種）

茶枝新芽以下的第五片葉，葉片大而成熟，需視產地地理條件與採摘時機而定，避免過老採收，造成滋味低弱，為求開採適時、快速，許多產地亦使用機採方式採收。

☕Congou & Bohea（工夫&武夷）

茶枝新芽以下的第六、七片葉，此部位的葉片成熟度較高，因此較少用於製茶。

鮮葉採摘部位影響

若將其它變數固定，比較同產區相同茶種，製成的同一批次作品，依照採摘部位的不同，在外觀、溶解速率、沖泡時間、葉內成分的比較如下：

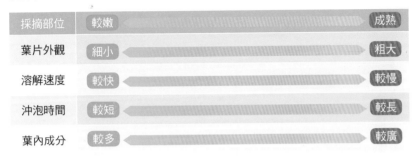

採摘部位	較嫩		成熟
葉片外觀	細小		粗大
溶解速度	較快		較慢
沖泡時間	較短		較長
葉內成分	較多		較廣

葉片外觀

從茶葉外觀看，愈是靠近茶樹頂端芯芽毫尖，愈幼嫩細小，愈往新芽以下，茶葉愈成熟粗大。

溶解速率

較幼嫩的部位由於體積小而表面積大，加上茶質較豐富，因此溶解速率較快。愈成熟的部位，由於體積大而表面積小，內含的茶質不若幼嫩鮮葉豐富，所以需要較長的溶解時間。

沖泡時間

較成熟的部位溶解速率慢，所需沖泡時間較長，若製成更細碎的茶葉，則可以加速與幫助茶質溶解。

葉內成分

由於成分結構的差異，取自較細嫩部位含有較多的茶質，成熟的葉片所含物質則較廣。

⚜常見等級介紹

利用完整度與採摘部位，可以簡單地排出一個概念性的等級矩陣。各大產區在經驗與製程與差異上，或發展出更細的分級方式，考量適製性與實際生產狀況，將常見的等級列出說明。

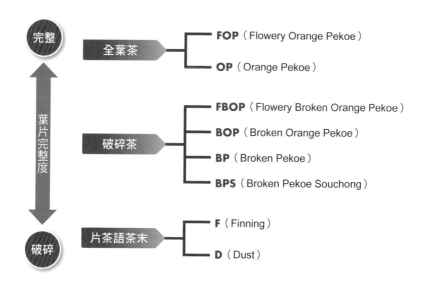

- 完整
- 全葉茶
  - **FOP**（Flowery Orange Pekoe）
  - **OP**（Orange Pekoe）

葉片完整度

- 破碎茶
  - **FBOP**（Flowery Broken Orange Pekoe）
  - **BOP**（Broken Orange Pekoe）
  - **BP**（Broken Pekoe）
  - **BPS**（Broken Pekoe Souchong）

- 破碎
- 片茶語茶末
  - **F**（Finning）
  - **D**（Dust）

🍃全葉茶

常見的單品紅茶等級，香氣滋味較濃郁的作品或有調製成奶茶及水果茶。講求梗葉連理的中國工夫紅茶，印度大吉嶺、阿薩姆，或斯里蘭卡的烏巴、努瓦拉埃利亞等地，皆是著名的全葉茶產地。

☕FOP

Flowery Orange Pekoe，選用或摻混大量嫩芽做為原料，所製成的全葉型等級。適合單品。

☕OP

Orange Pekoe，以新芽以下的第二片葉為主要原料所製成的全葉型紅茶，或帶有少許的嫩芽。為單品紅茶中常見的等級。

碎葉茶

常用於調製奶茶或水果茶，也可單品，適合茶葉的拼配與混搭。著名的產地包含斯里蘭卡、印度、肯亞、印尼等國家。CTC是碎茶最大宗的製程，製作出的成品大小約在1～2mm之間，有些產地亦直接在成品的等級欄以CTC等級做標示。

FBOP

Flowery Broken Orange Pekoe，含有芯芽的碎型紅茶，和全葉茶FOP等級的異同在於，兩者都選用或混合大量嫩芽做為原料，而FOP是完整的全葉茶，而FBOP則是碎型茶。依產地特性單品或調製成奶茶皆常見。

BOP

Broken Orange Pekoe，和全葉型的OP等級不同的地方在於，BOP屬於碎葉茶，為主要的碎葉等級之一。滋味厚實利於調味茶與奶茶製作，單品也別具風味。

BP

Broken Pekoe，是指主要原料採摘自白毫（Pekoe）的碎型茶，為主要的碎葉等級之一，體積較BOP略大。常用於調味紅茶或大宗紅茶沖泡。

BPS

Broken Pekoe Souchong，是指主要原料採摘自白毫小種（Pekoe Souchong）的碎型茶，體積較BP略大。常用於調味紅茶或大宗紅茶沖泡。

片茶與茶末

片茶與茶末在製程上其實也可細分成不同等級，但用途多製成茶包，或大宗飲料用茶。

F

Finning，茶葉比碎茶更細小，沖泡時不需伸展空間，多用於大宗紅茶沖泡或茶包製作。

D

Dust，如粉塵般細小的等級，沖泡溶解快速，不需伸展空間，多用於茶包製作。

第三篇
世界知名
紅茶產地

每一杯紅茶的背後，是一種深度，啜飲每一口紅茶所得到的香氣與滋味，都是各產區在氣候、土壤等自然環境的差異下，與製程技術的藝術結合，才能讓不同產區的紅茶作品充滿獨一無二的個性。了解產地茶特性，能讓你在紅茶調配或調味中更得心應手；而單品紅茶通常會選用各產區的特殊茶種、加以獨到的植種或製程方式強調文化風格，了解產地，也是進入單品紅茶的重要基礎。

本篇教你

- 認識印度產區
- 認識斯里蘭卡產區
- 認識中國產區
- 認識台灣產區

世界主要紅茶產區

無論是印度、錫蘭帶有英式風味的下午茶；醇厚穩重的中國功夫紅茶；巧思細膩的台灣紅茶；或是來自其它產區的紅茶，每一支作品都是感官的洗禮，現在我們就要進入世界著名的紅茶產區，探尋更多的內涵與深度，讓你發現紅茶的迷人之處，絕不止於外表，每一次享受紅茶，都是產地人文與自然味風情的體驗。

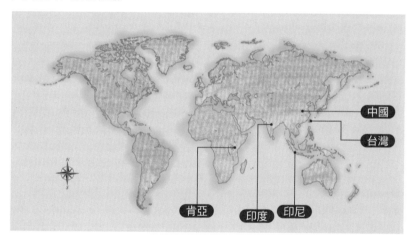

中國
台灣
肯亞
印度
印尼

🍃印度

印度是世界上最大的紅茶生產國，著名的產區有大吉嶺、阿薩姆、尼爾吉里，三大產區在地理環境與氣候特徵的差異下，風格差異顯著。在印度莊園與紅茶競標制度的發展下，占地廣闊的紅茶莊園擁有市集、醫院、金融機構甚至學校，土地上的居民則大多服務於該莊園，享有莊園提供的房舍與其它硬體設施，宛如城鎮，各莊園相異的創作理念，凸顯了單品紅茶中，單一莊園的色彩。而印度紅茶內銷市場量占總生產量三分之二強，紅茶已是生活文化的一部分。

🍃 斯里蘭卡

斯里蘭卡舊名錫蘭，因為在國際市場上錫蘭紅茶已成代名詞，於是延用至今。在嚴謹的茶園管理與政府的積極投入下，錫蘭紅茶有近九成的外銷比例，雖然島國面積不大，但在地勢與季風的影響下，不同產區還是展現了迥異的作品風格，斯里蘭卡的六大茶區分別為高地的烏瓦（Uva）、努瓦拉埃利亞（Nuwara Eliya）、烏達普沙拉瓦（Uda Pussellawa），中海拔的汀布拉（Dimbula）、康堤（Kandy），與平地的盧哈納（Ruhuna）。

🍃 中國

中國是紅茶最早的發源地，也是世界茶葉總產量最高的國家，但紅茶產量卻以稀少珍貴著稱。不像統一管理的經濟作物，在中國，茶樹是很普遍的作物，早已廣泛地分布在各省，整個中國就像一個廣大的茶區，發展出非常多元的紅茶作品，也發展出屬於自己的一套等級制度，而這些作品多半來自工夫紅茶製程，產量雖少卻極具單品價值，著名的紅茶有福建的正山小種紅茶、安徽的祈門紅茶與四川的滇紅。

🍃 台灣

台灣紅茶產量稀少但精緻度高，擁有鮮明易辨的香氣與滋味，小農們各自運用巧思創作作品，是最大特色。因此台灣茶園雖然面積小、人工成本也較高，但更細心地照料管理、多樣的茶種與善用農法，讓作品在小綠葉蟬著涎後留下蜜香甜味等，都展現台灣紅茶的細膩。近年來在政府提倡下紅茶發展迅速，南投魚池茶區與花蓮舞鶴茶區的作品，皆頗富盛名。

🍃 其他紅茶產國

除了上述產地外，其它也值得我們關注的紅茶產區包括：肯亞，位於非洲，陽光充足，但海拔較高，以CTC製程的作品雖然特色較不凸顯，但卻有極高相容性，易與其它紅茶搭配出更順口的口感；由火山土質與炎熱平低地組合成的印尼紅茶，口感與斯里蘭卡的低地茶相似，常用於製作調味茶，又稱爪哇紅茶；尼泊爾與大吉嶺相毗鄰，承襲了大吉嶺的技術與制度，高級的作品與大吉嶺相似，是新興的紅茶產國之一；而錫金位於大吉嶺上方，全境只有一座茶園（泰米Temi茶園），由於地理位置相近，作品風格就好比大吉嶺產區的獨立莊園。

印度

十九世紀，為了因應英國人飲用紅茶的龐大市場需求，當時的英國將開拓紅茶來源的目光投向了當時的殖民地印度，開始嘗試在印度種植茶樹。為了能在印度發展這項經濟作物，英國人引進了中國的茶樹種子與製茶技術，成功在大吉嶺種植中國種茶樹，使得大吉嶺紅茶的香氣與風味迥異於其他印度產區；同時在阿薩姆發現原生大葉的阿薩姆種茶樹，並在當地種植阿薩姆原種茶樹，生產阿薩姆紅茶；配合工業化生產的概念與新製程發展，使印度茶充滿特色與多樣性。如今印度已成為全球第二大茶葉生產國與第一大紅茶生產國，每年產出約一百萬公噸茶葉，除了極少部分的綠茶，幾乎全數為紅茶。比較特別的是，不同於許多以出口為主的國家，印度紅茶的內需市場，占了生產量70～80%，著名的印度香料奶茶瑪莎拉茶（Masala Tea），印度人每天都要喝上幾杯，紅茶文化已成為當地人生活的一部分。

🍃印度紅茶主要產區

印度著名的產區包括大吉嶺（Darjeeling）、阿薩姆（Assam）、與尼爾吉里（Nilgiri）等。印度紅茶的特色在於，不同產區間鮮明的風格，傳承完整的莊園制度，在加爾各答的茶葉拍賣會誕生於十九世紀，是印度最早的拍賣會場，而拍賣制度也成為印度紅茶銷售的重要方式。

大吉嶺 Darjeeling
終年雲霧繚繞的喜馬拉雅山麓，與獨特的地理環境，孕育出清新優雅、帶有香檳色調的迷人紅茶，以獨特的麝香葡萄味著稱，是世界三大高香紅茶之一。是高級的單品紅茶。

阿薩姆 Assam
在雨林與河谷間，高溫多雨又富含養分的土壤中，成就了阿薩姆紅茶厚實沉穩的風格，與誘人豐潤的麥芽香甜，是世界最大的紅茶產地，產量占印度全國的1/2。適合單品與沖泡成奶茶。

尼爾吉里 Nilgiri
位於印度南方的山坡間，樹林與野生動物環繞，創造出帶有薄荷檸檬清香與爽口澀感的紅茶。帶有水果香氣，適合單品或調製成水果茶。

印度的地理環境

印度是南亞地區最大的國家，總面積約317萬平方公里。北部的喜馬拉雅山區，是海拔最高的區域，受喜馬拉雅山脈屏障，源源不絕的河水，為中央平原（Indo-Gangetic Plain）區帶來沖積沃土與文明，而南部的德幹高原區，深入印度洋的半島，除了地勢影響，沿海地區亦受印度洋與孟加拉灣的季風、水氣影響頗大。土地廣大與地理環境的多樣性，孕育出的紅茶作品也極富變化。

印度的產區特色

地理環境的差異，影響了各產區紅茶的特色，選購印度茶時，產地是主要挑選標準之一，著名的產區有大吉嶺、阿薩姆、尼爾吉里等。位於北印喜馬拉雅山麓的大吉嶺，擁有高山豐沛水氣與柔和陽光，產出清新高雅具葡萄香氣的高級紅茶；阿薩姆地區則是海拔較低的平原，受高山環伺影響，阻擋來自孟加拉灣的季風形成大量降雨，廣布的雨林、富饒的土地與炎熱而明顯的溫差，使作品厚實而味濃；南方尼爾吉里茶區緯度較低，即使位處山坡依然氣候宜人，一直是印度蔬菜與經濟農作物主要產地的尼爾吉里，紅茶作品爽口而帶有特殊清涼的薄荷、水果香。

✿印度產區1 大吉嶺 Darjeeling

西元一八三〇年代，英國人從中國引進的茶樹苗及種子，在北印阿薩姆與南印尼爾吉里等地試種的結果，一直無法成功，唯獨在大吉嶺，茶樹竟能成功活下來。夾帶了英國人對中國茶種的憧憬，與大吉嶺地理環境使然，產出的紅茶，品質細緻、風味獨幟一格，有一種特殊而迷人的雍容高貴之氣；且隨著春摘夏摘秋摘，以及海拔與各茶園各年分的差異，個別散發出極精緻細膩且不同層次的花香、果香、草香……，變化多端，耐人尋味。

大吉嶺

印度

N
S

▼產地特色

在大吉嶺，唯有在被認可的莊園產出的茶，才有資格放上大吉嶺紅茶標章，標章上採茶少女輕嗅茶香，是位處國界的大吉嶺，複雜人文環境下共享的自然茶香。而產區裡約略86座左右被認可的茶園，如同葡萄酒莊，在不同地理位置下相異的獨傳技術下，創造出風格迥異的作品，茶饕們喜歡收藏不同莊園與季節的作品，互相品評比較。

大吉嶺產區中，每座茶園有屬於自己的故事：薔巴娜茶園（Jungpana）訴說了一個打獵時為朋友犧牲的動人故事；瑪莉邦茶園（Marybong）是慈父給予女兒做為新嫁娘的禮物；爾利亞茶園（Arya）則是由一群中土和尚，前來翻山越嶺時意外發現的淨土。其它著名的莊園還包括凱瑟頓（Castleton）、瑪格莉特希望（Margert's Hope）、塔爾波（Thurbo）、葛朋漢納（Gopaldhara）、納姆嶺（Namring）、布特蒙（Puttabong）、席琳朋（Selimbong）、桑格曼（Sungma）、歐凱蒂（Okayti）、吉達帕赫（Giddapahar）、羅西尼（Rohini）、洭緹（Goomtee）……等等。

☕ 風土氣候

大吉嶺位於喜馬拉雅山麓，海拔標高1000～2500公尺處，終年籠罩的濃霧、水氣，與溫和的漫射陽光創造了帶有果香與蜜香的大吉嶺紅茶。大吉嶺日夜溫差大，年均溫約15℃，冬季凜冽的北風常為高海拔地區帶來降雪，產季從三月到同年十一月，四季分明與冬季適度短暫的乾旱，反而有利於芳香物質的形成。生長在陡峭山坡的大吉嶺茶樹，土壤中富含有機質與稀有礦物質如鐵、鉀、鎂、鋅、錳、銀等元素，能促進茶樹生理機能，為香檳色的紅茶帶來高雅特質與動人香氣。

☕ 茶種

大吉嶺的茶種以中國引進的小葉茶種為主，種子發育歷史悠久的老茶樹，擁有令人驚艷香氣與麝香葡萄味，刺激性的澀感後能創造強烈回甘。而近幾十年來，大吉嶺一直非常積極培育新的紅茶品種，有的茶種訴求更高級品質、有的增加抗寒能力或生長速度。以阿薩姆大葉種雜交的品種，在高山的氣候條件下，展葉不若在平地般大，滋味依然較中國種強但厚實度降低；而一些以香氣著稱的改良種，口感通常較柔雅，降低了苦澀味的刺激感，增加香氣與滋味的層次，獲得消費者極高的迴響，這些阡插法的改良種，也開始在大吉嶺占有一席之地。

🍵 製程

與印度其它產區不同，大吉嶺紅茶皆是在傳統製程下誕生，充足的萎凋時間，與恰到好處的發酵，讓作品帶有輕揚的高香，與年輕活性的澀感，是世界著名的三大高香紅茶之一。近幾年來，部分莊園開始嘗試以工夫紅茶製程詮釋大吉嶺，通常會配合使用阡插法茶樹採摘的鮮葉，創造出奇異的花果蜜香與自然回甘的作品。另外，市面上有時會看到CTC製程的大吉嶺紅茶，這些可能是買方對莊園的特殊要求，或者來自鄰近大吉嶺的另一個茶區——多爾滋（Dooars），這裡產出的作品擁有大吉嶺紅茶的風格，在CTC製程下口感更明確，有時會有較強烈的青草味。

🍵 大吉嶺紅茶主要生產季節

大吉嶺紅茶一年主要收成三次，分為春摘、夏摘、秋摘，其說明如下：

主要產季	月份	氣候	特色
春季茶	3~4月	凜冽寒冬洗禮後氣候尚未回暖，嬌柔的初春之陽喚醒待萌發的新芽。	富含新芽、滋味清雅、迷人花草香
夏季茶	5~6月	充足陽光開始蘊藏紅茶的滋味，日夜溫差明顯，充足水氣讓作品依然保有甘甜。	滋味完整、麝香葡萄味與花果蜜香
秋季茶	9~10月	雨季後乾季前，帶來作品均衡的特性，是產季結束前的最後一摘。	滑順入喉果香穩重而較少刺激感

🍵 春摘

大吉嶺春摘（First Flush）時間約在每年的三月至四月中，早春溫柔蘊藉的雨水和霧氣籠罩下，作品中富含青綠色嫩芽，使第一摘的大吉嶺茶湯呈現淡澄色。帶著強烈白花系香氣或新果香、極纖細的口感與清爽具刺激性的澀味，產量少而價格高。

大吉嶺春摘茶葉的風味特色

■ 色澤：淡琥珀或香檳色
■ 風味：清新高雅、帶有澀感與甘味芬芳
■ 香氣：清揚而明顯的綠草與白花系香氣
■ 適飲方式：純飲

大吉嶺紅茶作品
爾利亞莊園（Arya）春摘
等級：SFTGFOP1

🍵 夏摘

大吉嶺夏摘（Second Flush）時間在五月中至六月底間，亞洲季風吹拂下，日照亦較充足，作品富含有銀白色嫩芽，茶色橙紅較春摘濃郁，以帶有麝香葡萄與輕果香味著稱，滋味也更顯得豐碩飽和而有個性，是大吉嶺最具特色的產季。

大吉嶺夏摘茶葉的風味特色

- 色澤：琥珀或帶紅的深琥珀色
- 風味：滋味完整、帶有澀感、麝香葡萄與自然蜜香
- 香氣：明顯的花果香氣與尾韻
- 適飲方式：純飲

大吉嶺紅茶作品
瑪莉邦莊園（Marybong）夏摘
等級：FTGFOP1

🍵 秋摘

大吉嶺秋摘（Autumn Flush）是在當地雨季過後的九到十月間完成採收，經過雨季洗禮後擁有較深的茶色，滋味平順甜潤帶穩重，口感具親合力，是大吉嶺系列中最適合沖泡奶茶的類型，在價格上也相對平易許多。

大吉嶺秋摘茶葉的風味特色

- 色澤：橙紅色至鮮紅色
- 風味：帶有蜜味而順口醇、刺滋性較低
- 香氣：較春摘、夏摘淡而穩重的果香
- 適飲方式：純飲、奶茶

大吉嶺紅茶作品
凱瑟頓莊園（Castleton）秋摘
等級：FTGFOP

✤印度產區2 阿薩姆 Assam

阿薩姆原生茶種是西元一八二三年駐守當地的英國軍官發現的原生茶種。
一八三九年初，阿薩姆茶第一次在倫敦拍賣會場上展露頭角。過去數次培
育中國種茶樹失敗後，英國人開始嘗試用阿薩姆當地發現的原生大葉種製
茶，這次的成功讓英國人充滿信心，也奠定了阿薩姆紅茶的國際舞台。阿
薩姆高溫多雨、位於河谷與天然雨林環伺的地理環境，在茶種與自然環境
的差異下，紅茶作品帶有厚實濃烈的口感，乾茶中點綴著璀璨金黃色，與
迷人麥芽、熟果香，相較於鄰近的大吉嶺，展現出完全不同的風味。

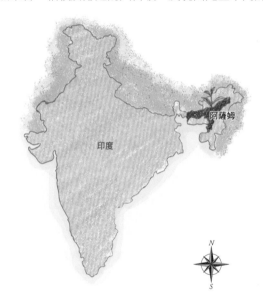

✿產地特色

擁有廣大天然雨林地的阿薩姆，是野生犀牛的故鄉，
近年來印度政府不斷倡導，雨林與野生動物的保育關
念，在人與動物共存的土地上，阿薩姆紅茶認證也
以犀牛做為標幟。阿薩姆平原上廣布近千座的紅茶莊
園，生產以CTC製程為主的紅茶，也有少數莊園導入
傳統紅茶技術，加上近年來茶種培育上的發展，皆為阿薩姆紅茶增添了多
樣化的色彩。

阿薩姆產區中，著名的莊園有哈爾木緹（Harmuty）、特爵（Dejoo）、杜芙拉汀（Duflating）、摩卡布利（Mokalbari）、迪克山（Diksam）、綠木（Green Wood）、塞薩（Sessa）、瑪琳吉（Marangi）、哈緹格（Hattigor）、塔拉洋（Tarajan）、哈布江‧巴布（Hapjan Purbat）⋯⋯等。

🍵 風土氣候

阿薩姆茶區是喜馬拉雅山腳下，與發源自中國的雅魯藏布江流域間，布滿雨林的廣大平原。阿薩姆年均溫差大，夏季炎熱的平原地高溫可達約35℃，常可看見茶園間每隔40呎有大樹遮蔭，強烈的日照讓茶樹含有足量的茶多酚元素，為滋味強濃的紅茶作品埋下了伏筆；冬季北方的長驅而下的冷氣，讓溫度下探至10℃以下，一年約有十個月是產季。來自海洋的季風帶來充沛雨量、河谷水氣與其挾帶養分的豐沃沖積土，使阿薩姆紅茶生長快速，質厚味濃，成為阿薩姆紅茶的特色，以四月至五月中的夏摘紅茶最著名。

🍵 茶種

阿薩姆產區的茶種，以適應高溫生長快速的原生阿薩姆大葉種為主，產出滋味濃烈厚強的紅茶，供應廣大消費市場；即便如此，阿薩姆仍不斷培育與中國小葉種雜交的新品種，部分以品質著稱的新種，能修飾粗曠的茶味，融合阿薩姆特有的麥芽、熟果香顯得更圓潤，更適合單品，這類型的茶種多以扦插法植種，產量少、成本高，但為已廣為人知的阿薩姆風格，增添了不一樣的元素。

🍵 製程

以CTC製程的阿薩姆紅茶，能將濃烈的個性發揮到極致，印度茶擁有廣大的內需市場，其中大半皆是使用阿薩姆的CTC紅茶，加入奶和香料，製成口味特殊的香料奶茶。而使用傳統紅茶製程的作品，在阿薩姆個性鮮明的風土條件下，不論是製成碎型紅茶或條型紅茶，還是保留一貫的厚實濃強，但有著更細緻的口感，經過傳統製程揉切的乾茶，乾茶中有時附著點點金黃色，被視為高品質紅茶的象徵，價格也相對較高。

阿薩姆紅茶主要生產季節

阿薩姆紅茶的產季約有十個月，而最著名的則是夏摘作品：

主要產季	月份	氣候	特色
夏季茶	4～6月	迎接夏季，雨量開始增加溫度升高，使黃金芽葉的含量增加，滋味也開始轉強。	茶湯色濃，厚實強勁的口感，與熟果香、麥芽香味。

夏摘

夏季是阿薩姆紅茶最有特色的產季，四～六月間隨陽光逐漸增強，作品發酵完整而風格趨向濃強，有些以CTC製程為主的莊園，也會特別選用傳統製程詮釋夏摘作品，在厚實飽滿的口感，與迷人麥芽香甜後，令人感到富饒、滿足。來自阿薩姆的紅茶，是一種即使與其它食材調配，也能保有辨視度的顯明個性。

阿薩姆茶葉的風味特色

■ 色澤：暗紅色
■ 風味：滋味強勁、濃郁厚實
■ 香氣：熟果香與麥芽香味
■ 適飲方式：純飲、奶茶

阿薩姆紅茶作品
迪克山莊園（Diksam）
等級：FTGFOP

❀印度產區3 尼爾吉里Nilgiri

西元一八三〇年代，英國人在尼爾吉里種下的中國種茶樹苗及種子，雖然悉數失敗，但極少數能存活下的茶樹，乃是尼爾吉里的土地上，第一次擁有茶香。而當地人普遍相信，十九世紀中葉鴉片戰爭後，中國戰俘在尼爾吉里山監獄附近所種下的中國種茶樹，才是開啟尼爾吉里進入茶文化的關鍵。

印度

尼爾吉里

N
S

世界主要紅茶產區

印度

印度紅茶分級制度

斯里蘭卡

錫蘭紅茶分級制度

中國

台灣

❧產地特色

尼爾吉里（Nilgiri）在坦米爾語指的是青色山脈（Blue Mountain），氣候溫和涼爽，野生動植物種類繁多，山巒綿延，風景如詩，尼爾吉里的天然景觀如自然森林、溪谷，常吸引觀光客駐足，是印度茶、蔬菜等農作物的主產地之一。在青色山脈的庇蔭下，尼爾吉里

擁有得天獨厚的動植物生長環境。尼爾吉里茶的產區認證圖案為茶苗結合當地最大資產——青山，從標章的設計可以一窺尼爾吉里茶的產區特色。

尼爾吉里產區中，著名的莊園包括格雷摩爾（Craigmore）、坎德利（Kundaly）、威爾貝克（Welbeck）、艾德瑞利（Addereley）、格陵摩根（Glenmorgan）、格倫代爾（Glendale）、卡特耐德（Kodanad）、哈芙卡（Havukal）、加爾貝達（Kairbetta）、洛克哈特（Lockhart）、帕克塞德（Parkside）、谷曼肯（Goomankhan）……等。

風土氣候

尼爾吉里位於印度西南部，海拔500至2500公尺的丘陵及高山坡地，以玫瑰花香的紅茶作品著稱，比起同樣是高海拔的大吉嶺產區，較低的低緯度使產區氣候溫和、陽光充足，讓尼爾吉里的作品在澀感中帶有清新爽口。尼爾吉里茶幾乎全年皆是生長季，受季風與高山坡向影響，每年十二月至隔年一~二月產出品質最佳，位處高地的茶園，其作品風格帶有斯里蘭卡高海拔茶區的影子。宜人的環境使尼爾吉里紅茶顯得平易隨和，具個性的刺激感降低了，但也因此更順喉。

茶種

尼爾吉里是擁有中國、阿薩姆及其混合種多樣化的茶區。暗橙紅的水色仍具大葉種的爽朗，但在風土環境與高地氣候下，不再堅持阿薩姆種的濃烈；而口感輕薄的茶體，藏有中國種小葉種的芬芳花香，口味中庸均衡，是茶種與地理環境交互作用下的作品個性。為尋找適合中國茶樹生長的土地，尼爾吉里成為最早的實驗地之一，但這些被寄予厚望的茶樹，並沒有存活太久，隨後移植過來而適應良好的阿薩姆種，才真正讓尼爾吉里成為印度重要茶產區。隨歷史發展與技術進步，十九世紀末與中國種茶樹雜交的樹種開始大量出現，促使尼爾吉里茶種的多樣化。

製程

尼爾吉里茶區同時擁有CTC與傳統紅茶製程，CTC製程產出的紅茶滋味較顯明強烈，而傳統製程的碎型紅茶（BOP）則保持了清爽的澀感。近年來單品紅茶概念興起與出口市場變化之下，尼爾吉里紅茶品質也不斷提升，傳統製程的FOP等級日漸受到重視，愈來愈多茶園導入傳統製程，也使單品紅茶更加多元。

☕尼爾吉里紅茶主要生產季節

緯度較低的尼爾吉里全年皆是生長季，但因季風影響，十二月至隔年二月的作品，最引人注目。

主要產季	月份	氣候	特色
冬季茶	12月～隔年2月	受季風影響雨量減少，短暫的乾季中日夜溫差大，利於高級紅茶採製。	爽口的澀味、自然的檸檬薄荷香氣，或帶有花香。

☕冬摘

風格中庸自然、接受度高的尼爾吉里紅茶，與其它產地茶拼配的相容性也高，但在冬日短暫的乾季，累積的茶香讓作品更有個性，玫瑰花香、柑橘與檸檬清新果香，或清涼的薄荷香，都使尼爾吉里的紅茶在單品系列中愈來愈受人注目。

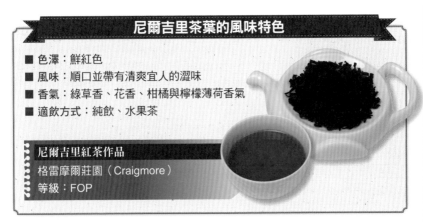

尼爾吉里茶葉的風味特色

- ■ 色澤：鮮紅色
- ■ 風味：順口並帶有清爽宜人的澀味
- ■ 香氣：綠草香、花香、柑橘與檸檬薄荷香氣
- ■ 適飲方式：純飲、水果茶

尼爾吉里紅茶作品
格雷摩爾莊園（Craigmore）
等級：FOP

印度紅茶分級制度

印度紅茶分級較為繁複，除了產量大，作品也廣泛分布於不同等級之中，各產區有其分級特色。大吉嶺產地被譽為世界最高等級的紅茶，年產量僅占國際市場約1%，作品等級大多較高，且均採傳統製程，沒有CTC製程的作品；阿薩姆作品較為廣泛，雖以CTC製程的碎型茶占大宗，但高等級紅茶的數量亦不少；尼爾吉里紅茶則以CTC或傳統製程的碎型紅茶為主，但近年來，開始出現愈來愈多全葉型紅茶，許多高海拔的莊園以生產少量較高等級的作品著稱。

認識印度紅茶分級

印度紅茶擁有廣泛的等級，除了之前介紹過依完整度與採摘部位劃分出的FOP（Flowery Orange Pekoe）全葉茶與BOP（Broken Orange Pekoe）碎葉型作品外，往往會看到以FOP、BOP做為基礎，加註了更多英文字母的等級，這些字母各代表不同意義，每追加一個意義代表更高級作品。這些字母分與字義分別是：

G Golden 金黃，帶有黃金芽葉的作品
T Tippy 毫芽，富含細嫩毫芽的作品
F Fine or Finest 高級，適當揉捻滋味絕佳的作品
S Special or Super 特別，香氣滋味在該莊園皆屬上乘的作品

FOP（Flowery Orange Pekoe）
完整的芽葉，香氣與滋味也有較完整的尾韻，適合單品，是阿薩姆或尼爾吉里常見的等級。

GFOP（Golden Flowery Orange Pekoe）
代表茶湯富含茶質，口感鮮爽，需要原料相當的嫩度，是阿薩姆產區常見的等級。製程中鮮葉汁液經過揉捻而外溢，附著在茶葉外表，嫩芽、嫩葉的汁液豐富且成色較淡，乾茶呈現的顏色會更明顯。阿薩姆產區的作品以黃金芽葉著稱；大吉嶺夏摘則呈現銀白色。

TGFOP（Tippy Golden Flowery Orange Pekoe）

使用大量嫩芽做為原料的紅茶，芬芳的香氣與茶湯滋味乾淨清爽，常見於大吉嶺、阿薩姆產區。有些產區喜歡採摘富含嫩芽的茶菁做為原料，因此Tippy與Golden這兩種等級的象徵常伴隨出現，例如在大吉嶺，TGFOP等級反而比GFOP更常見。

FTGFOP（Finest Tippy Golden Flowery Orange Pekoe）

經過適當揉捻後的紅茶，滋味較濃強而有刺激感。傳統紅茶製程中通常需經4~6次的揉捻，適當揉捻後的茶被稱做Fine Tea，而愈細嫩的芽葉經揉捻的次數愈少。在大吉嶺與阿薩姆產區較常見這類特別選用精細揉捻的紅茶，近年來開始有較多尼爾吉里作品標榜如此高等級。

SFTGFOP（1）（Special Finest Tippy Golden Flowery Orange Pekoe 1）

紅茶分級中最高等級，經過嚴選的作品，香氣揚、滋味韻長且鮮爽濃強，富含新芽嫩葉，主要出現於大吉嶺產區，以及部分阿薩姆莊園。有時會在等級後方看到數字1，表示這支作品中，額外添加了第一次揉捻篩下的原料，被篩下較細小的原料多數是嫩芽，加強了茶湯鮮爽口感與營養價值，是該等級中較高級的檔次。

BOP（Broken Orange Pekoe）

碎型紅茶，滋味較全葉型FOP等級明顯，也更適合沖泡奶茶、調味紅茶等，在大吉嶺、阿薩姆、尼爾吉里都很常見。

GBOP（Golden Broken Orange Pekoe）

是GFOP的碎葉型作品，滋味較強勁，喜歡具刺激性口感或沖泡奶茶都是不錯選擇，常見於阿薩姆產區。

TGBOP（Tippy Golden Broken Orange Pekoe）

傳統製程中非常高級的碎葉型紅茶，香氣、滋味皆直接明確的個性，與採用高檔次原料創造出茶湯細緻的刺激性，價格未必低於全葉型作品。

CTC（Crush Tear Curl）

指經由CTC製程產出的碎型紅茶，小顆粒狀，強烈刺激性，溶解速度快，適合沖泡奶茶或口感強烈的調味茶，在阿薩姆、尼爾吉里擁有很高產量。雖然CTC實際上指的是製程，在製程下依體積大小還可分出不同等級，但CTC紅茶獨特的個性具一致性，也會直接標示於包裝外，一般消費者將其視為同一類紅茶即可。

斯里蘭卡

斯里蘭卡（Sri Lanka）舊稱錫蘭（Ceylon），位於印度洋東南端，在荷屬殖民地時期，咖啡為島內重要的經濟作物，當英國從荷蘭手中接收錫蘭時，原本延續種植咖啡傳統，但一場導致全島咖啡樹枯死的傳染病，使咖啡園大幅倒閉，迫使英國人開始從印度阿薩姆引進茶樹，取代原來的咖啡產業，結果大獲成功，而有了今日的錫蘭紅茶。炎熱的氣候條件與海拔高低交錯的地理環境孕育出風味、香氣獨特的錫蘭紅茶。茶園集中分布在島內中央高地和南方的低地，共有六大主要產區，由於各產區的地理環境、氣候都不同，各茶區的風味與特色截然不同，茶商根據顧客的喜好調製出客製化口味的紅茶，讓錫蘭紅茶享譽國際。

🍃 錫蘭紅茶主要產區

錫蘭紅茶因濃郁的香氣以及厚實的茶味聞名，著名產茶區依據海拔高度不同分別有烏瓦（UVA）、烏達普沙拉瓦（Uda Pussellawa）、努瓦拉埃利亞（Nuwara Eliya）、盧哈納（Ruhuna）、康堤（Kandy）、汀布拉（Dimbula）等六大茶區。

康堤（Kandy）
產區位於斯里蘭卡中海拔處，所產紅茶香氣濃郁、口感澀味淡且平穩，適合添加牛奶或糖讓紅茶風味更富變化。（參見P91）

烏達普沙拉瓦（Uda Pussellawa）
介於努瓦拉埃利亞與烏瓦茶區中央，揉合兩茶區之優勢，茶味濃厚澀味重，可做奶茶也適合單純飲用。（參見P87）

Kandy康堤
烏達普沙拉瓦 Uda Pussellawa
Dimbula汀布拉
烏瓦Uva
努瓦拉埃利亞 Nuwara Eliya
Ruhuna盧哈納

N
S

汀布拉（Dimbula）
位於中海拔至高海拔處，氣候穩定因此產量與品質皆穩定，茶味口感平順，適合調製成冰紅茶。（參見P85）

盧哈納（Ruhuna）
位於斯里蘭卡海拔最低產區，所產紅茶滋味厚重、口感略帶苦澀味，茶湯呈現深紅色，絕大部分用來製作調和茶或混和茶。（參見P89）

烏瓦（UVA）
為錫蘭紅茶最具知名度的產區，其茶葉滋味厚重、口感具強烈澀味，帶有濃郁香氣，具強烈個性。（參見P81）

努瓦拉埃利亞（Nuwara Eliya）
位於斯里蘭卡海拔最高產區，所產紅茶品質優良，素有茶中香檳之稱，茶湯色澤較淡，味道清香淡雅，適合單品。（參見P83）

世界主要紅茶產區

印度

印度紅茶分級制度

斯里蘭卡

錫蘭紅茶分級制度

中國

台灣

☕ 斯里蘭卡的地理環境

島國型態的斯里蘭卡位於印度的東南端，國土面積近65,610平方公里，地理環境為北邊及沿海為平原地形，中部與南部則是地勢較高的高原地形。斯里蘭卡氣候雖然炎熱但溫度變化明顯，每年三月起開始至五月為熱季，而自十一月起至隔年的二月則開始轉涼；斯里蘭卡位於低緯度，雨水充沛，地形高低起伏，其地理環境和氣候條件孕育了高品質茶葉。

☕ 斯里蘭卡的產區特色

斯里蘭卡紅茶產區分布廣闊，著名的六大產區依照海拔高低分為高地茶、中地茶與低地茶，品質亦受海拔高低影響。高海拔產區霧氣濃厚，受到高低溫差影響，茶葉帶有濃厚的澀味。高海拔的地理位置促進有機酸生長，能抑制多餘的澀味並添加茶中果香，使紅茶香氣清新濃郁。原則上，海拔愈高，漫射陽光強，相對溼度也高，促進茶芽發育，鮮嫩的茶葉使得紅茶味道香醇。中低海拔氣候穩定，茶樹生長環境中影響因子較少，茶葉品質穩定，兒茶素較少，紅茶的口感順口，茶湯色澤漂亮。

名稱	海拔	高度	產地	特色
高地茶	高海拔	1200～2400公尺	努瓦拉埃利亞、烏瓦、烏達普沙拉瓦	茶湯色澤亮紅、口感，茶味厚重且澀
中地茶	中海拔	600～1200公尺	汀布拉、康堤	茶湯色澤紅潤、口感圓滑
低地茶	低海拔	低於600公尺	盧哈納	茶湯呈深紅色、澀味少、口感平順

INFO 錫蘭紅茶分類

斯里蘭卡所出產的錫蘭紅茶依照使用方式，可分為以下三種：

1.原味茶：是指原味茶葉不經過多的加工手續也不添加其他香料，品質通常較好，適合單純飲用，通常高海拔茶區品質較佳，茶味帶有些許的澀味又不會過澀。

2.加味茶：茶味重且澀味強烈的茶，一般以中海拔與低海拔生產較多。由於厚重與強烈的味道非常適合添加天然香料製成的各式各樣風味茶，例如，伯爵茶、花果茶……等，也適合添加鮮奶調製成下午茶喜愛的奶茶。

3.拚配茶：以口味為主，各調製廠皆有專業的拚配師傅，混雜不同產區、產地以及不同產期之茶葉。

✿ 斯里蘭卡產區1　烏瓦

斯里蘭卡六大紅茶產區中，以烏瓦（UVA）茶最具知名度，和阿薩姆紅茶、印度大吉嶺紅茶、安徽的祁門紅茶並稱為世界四大知名紅茶。因烏瓦產區的茶葉形狀不佳，經常以破碎茶葉出售。烏瓦茶茶湯色澤橘紅、口味濃厚，因口感澀味強烈適合搭配牛奶製成奶茶，是錫蘭紅茶中早餐茶的經典代表。

烏瓦（Uva）

N
S

🍃 產地特色

烏瓦茶區屬高山茶，茶葉受季風吹襲影響較為乾燥，因此使烏瓦茶帶有濃厚的澀味。針對烏瓦茶品嘗時帶有澀味的強烈個性，一般皆製成BOP等級的碎茶葉販售。烏瓦茶濃厚的茶香與些許澀味，適合添加牛奶一起使用，因此烏瓦茶經常是奶茶的基底，更是錫蘭紅茶早餐茶之首。

☕ 風土氣候

烏瓦茶區位於斯里蘭卡中央山派東側的高地，海拔近1500公里處，屬高地茶，高海拔的地理位置，促進茶葉中有機酸生成，提供紅茶之香氣，增加紅茶滋味的深度。茶樹喜歡溫帶的氣候，夏季時，氣候與溫度均穩定，提供茶樹良好的生長環境，茶的味道與口感較濃厚，因此，這時期所產的茶品質最好。冬季時則受到東北季風的影響，雨水過多，茶葉含水，促使茶的味道相較之下較淡，這時期的茶葉品質次之。

烏瓦紅茶主要生產季節

烏瓦產區一年皆可收穫，不過，不同的季節受到氣候溫度與陽光、雨霧等變化，使得所生產的茶葉品質高低不同。夏、冬兩季為烏瓦主要的紅茶生產季節。就品質而言，夏摘茶因氣候與濕度均穩定，茶樹生長環境良好，茶葉生長較肥厚，內含物豐富，促進茶葉滋味，因此每年七～九月可產出全年品質最好的烏瓦茶。冬摘茶則因為雨水過多，讓茶葉的含水量增多，相較之下茶味變淡，滋味不夠濃厚。

主要產季	月份	氣候	特色
夏季	6～9月	溫度高、雨水少	茶湯色澤濃豔，茶味較澀且帶有果香
冬季	11～2月	雨水多	茶味適中較不苦澀

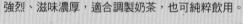

烏瓦茶葉的風味特色

■ 色澤：底茶呈現明亮的橘紅色，茶面透出金黃色。
■ 風味：味道強烈，苦澀中略帶甘甜。
■ 香氣：特有的果香帶有淡淡甜味，香氣清新柔和。
■ 適飲方式：烏瓦紅茶常製成BOP等級，由於茶葉細碎容易沖出茶味，澀味強烈、滋味濃厚，適合調製奶茶，也可純粹飲用。

✤斯里蘭卡產區2 努瓦拉埃利亞

位居斯里蘭卡紅茶產區海拔最高的努瓦拉埃利亞（Nuwara Eliya）因先
天條件優良，再加上雨水豐沛得宜，因此產出的紅茶素有「茶中香檳」的
稱號。高品級的茶葉味道清香淡雅，琥珀色茶湯，茶色不若烏瓦茶濃厚，
口感接近綠茶，適合單純飲用，也適合在下午茶時來上一壺。不僅如此，
努瓦拉埃利亞茶區另富有英倫氣息，保有過去曾是英國殖民國家歷史的痕
跡，更是錫蘭紅茶產業發展的起源地。

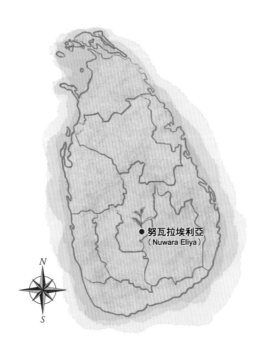

努瓦拉埃利亞
（Nuwara Eliya）

產地特色

努瓦拉埃利亞茶區海拔高度1800公尺，日夜溫差大，是錫蘭紅茶中海拔最
高的高地茶。英國人在此殖民時期看中氣候環境與英國本國十分接近，因
此發展出充滿英式風格的風土民情，而努瓦拉埃利亞也成了錫蘭紅茶的發
源地，包含了百年歷史的茶葉工廠，因此努瓦拉埃利亞所產的紅茶在錫蘭
紅茶中品質最好，也最具有文化歷史背景。

☕ 風土氣候

努瓦拉埃利亞茶區地海拔高，年均溫16℃，平均低溫2℃，平均高溫可達22℃，早晚溫度變化較大，山區霧氣豐沛，土壤酸性佳、排水良好，相對濕度高，利於茶樹生長。

由於早晚溫差大的緣故，促進茶樹中有機酸的涵養，使得茶葉帶有豐富的果香，且茶葉雖帶點澀味，但也被酸味綜合，這也形成努瓦拉埃利亞產區茶特有的澀味。

☕ 努瓦拉埃利亞紅茶主要生產季節

全年度中一～三月氣候穩定，維持一定均溫的時間長，適合茶樹穩定的成長，有利於茶葉的內含物生成，收成及品質較佳，五～八月因西南季風帶來豐沛的雨量，水氣滋潤茶葉，形成澀味，因此，此時的氣溫與濕度構成茶園有利的生長條件，孕育出品質良好之茶葉，製成之紅茶味道好、口感佳。

主要產季	月份	氣候	特色
春季	1～3月	溫差大，雨量相對適中	茶香醇厚，澀味恰如其分
夏季	5～8月	全年主要雨季、氣溫最為穩定	茶味具爽口般的澀味，同時散發香甜的香氣

努瓦拉埃利亞茶葉的風味特色

- 色澤：琥珀色。
- 風味：由於霧氣雨水氣充足，另加上早晚溫差等氣候條件，使得產區茶的風味醇厚，澀味口感恰如其分。
- 香氣：高海拔產區的茶葉葉片含有多量的有機酸，形成香氣清新的果香，新鮮淡雅，帶有花香的甜味。
- 適飲方式：努瓦拉埃利亞的茶葉有機酸含量多，使紅茶在發酵與製作過程中帶來濃厚果香，適合直接飲用，或是當做喝下午茶時搭配甜點的茶飲。

❊ 斯里蘭卡產區3 汀布拉

汀布拉（Dimbula）位處於中央山脈西南方，1200公尺中高海拔處，是斯里蘭卡自一八七○年由咖啡改種茶之後的首批茶區之一，與其他產區相較之下為較新的產茶區。全年均可收穫，產量、品質平穩，但氣候受西南季風降雨影響，一～三月茶葉品質較佳，口感平順為其主要特色。

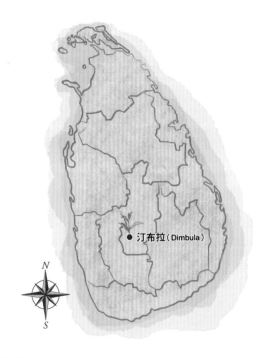

● 汀布拉（Dimbula）

世界主要紅茶產區

印度

印度紅茶分級制度

斯里蘭卡

錫蘭紅茶分級制度

中國

台灣

❧ 產地特色

汀布拉茶區海拔高度位於600～1200公尺的中高海拔處，沒有高地茶的低溫環境，產區受到周圍山脈的保護，所以茶園四周環境溫暖，一年四季皆能生產收穫，產量穩定且多。汀布拉產區的採收期主要在每年的一～三月，此時受西南季風的影響，帶來適宜的雨量，氣候涼爽適合茶樹生長，所以產量豐富。汀布拉茶的湯色鮮紅，色澤澄清、透明度高，澀味較少，茶味不重，容易入喉。汀布拉茶獨特的茶香、澀感與舒爽的口感適合製作冰紅茶或調味紅茶。

風土氣候

汀布拉茶產區因地形條件較為複雜，產區自丘陵地延伸至高山，兼具中海拔和高海拔產區特性。該產區全年氣候穩定，高溫可達30度，氣候炎熱，平穩的氣候促進茶葉品質與產量穩定，茶葉品嘗起來口感平穩順暢。唯一～三月西南季風帶來雨水，茶葉品質稍有影響，卻無明顯落差。

汀布拉紅茶主要生產季節

汀布拉茶區因地理型態位置使得氣候穩定，因此一年皆可收穫，一～三月茶樹受雨水滋潤，氣溫環境利於茶樹生長，因此產量穩定，為主要產季。

主要產季	月份	氣候	特色
春季	1～3月	溫度與濕度適中	口感平順、具有花香

汀布拉茶葉的風味特色

■ 色澤：鮮紅色
■ 風味：口感平順，澀味與茶味順口
■ 香氣：花果般的香氣
■ 適飲方式：汀布拉茶區因澀味不重，因此可添加其他香料製成調味紅茶，也適合當成冰紅茶的基底。

🌿斯里蘭卡產區4　烏達普沙拉瓦

烏達普沙拉瓦（Uda Pussellawa）產區臨近烏瓦省，與烏瓦茶區處於鄰近的緯度與相同的海拔高度，都在1500公尺左右，由於地理環境條件相近，所種植的茶種與烏瓦茶接近，不僅品質相近，茶湯色澤也大同小異，但由於知名度不及烏瓦茶，常被歸類在烏瓦茶區，因此，光芒總是被烏瓦茶掩蓋。

●烏達普沙拉瓦
（Uda Pussellawa）

🍃產地特色

烏達普沙拉瓦茶區位於努瓦拉埃利亞東方，鄰近於烏瓦茶區，同樣皆是高地茶，並同時兼具兩茶區之特色，紅茶產期與茶葉品質也同時揉合兩產區之優勢。東邊產區主要盛產季節為七月至九月，西部盛產期則是一～三月。鄰近努瓦拉埃利亞之高海拔地區，因氣候較為乾燥，溫度較低，由於溫差大，所以葉片富含芳香物質，因此茶葉帶有玫瑰香味。

🍵 風土氣候

烏達普沙拉瓦茶區由於海拔高，西接努瓦拉埃利亞區域，高山產區的日夜溫差大，促進茶樹葉片中的兒茶素增生，因此茶味較澀。乾燥的氣候也讓茶葉在生長的時候葉片很快被吹乾，使得成品茶帶有花果香氣。東邊地理環境則與烏瓦茶區相同，每年七月～九月氣候炎熱，受東北季風影響，帶來豐沛雨水，茶樹生產環境此時濕度與溫度高，是良好的生長環境與立地條件，孕育出極佳品質的茶葉。

🍵 烏達普沙拉瓦紅茶主要生產季節

烏達普沙拉紅茶主要生產季節在夏冬兩季。夏季時，氣候炎熱，受東北季風影響，帶來適度的雨水，茶樹生長茂盛，可收獲的茶葉多，7月～9月為主要盛產期。夏摘茶由於氣溫高，受季風影響濕度夠，此時的茶口感強烈、澀味重、香氣不揚。冬季時，天候乾燥，日夜溫差大，沒有過多的雨水，再加上此時的茶樹生長緩慢，因此，此時期的生長環境穩定，促進品質良好，品嚐時茶味清香，富含玫瑰香氣。

主要產季	月份	氣候	特色
冬季茶	1～3月	乾燥、溫差明顯	茶味澀，花果香濃郁
夏季茶	7～9月	東北季風影響雨水多於冬季	濃厚澀味，茶味清香

烏達普沙拉瓦茶葉的風味特色

- 色澤：橘紅色茶湯。
- 風味：夏摘茶滋味濃厚澀味重，冬摘茶中澀味的口感帶有花果的清香。
- 香氣：夏摘茶重清香，冬季茶帶花果香氣。
- 適飲方式：夏季茶味厚重且澀，適合調製奶茶，同時品味厚重的茶味與奶味；冬季茶帶有些許的澀味和花香，適合直接飲用。

⚘斯里蘭卡產區5　盧哈納

盧哈納（Ruhuna）位於低於600公尺的低海拔地區，該產區地處低地，氣候炎熱，屬熱帶雨林氣候，雨水豐沛。盧哈納氣溫高，製茶時發酵重，所以茶湯深紅，透明感不高，口感略帶苦澀味，不管是茶的口感或是產區知名度，皆不如其他產區，所產紅茶一般用來製作早餐茶或是下午茶，由於不適合單品，所以，絕大部分運用在調和茶或是混和茶中。

盧哈納 Ruhuna

世界主要紅茶產區

印度

印度紅茶分級制度

斯里蘭卡

錫蘭紅茶分級制度

中國

台灣

⚘產地特色

盧哈納茶區位於斯里蘭卡西南方處，當地艷陽高照雨水豐沛，氣候型態為熱帶雨林區，因此氣溫十分炎熱，氣候變化少，當地茶樹生長茂盛，茶葉葉片大，葉片內的液體含量多，能夠促進發酵，發酵製茶後，茶葉幾近黑色，茶色深紅，澀味重，口感濃郁苦澀。通常製成BOP等級出售。

🍵 風土氣候

盧哈納產區位在斯里蘭卡西南部的低海拔區，高度約200～400公尺，氣候鮮少有變化，同時也是斯里蘭卡知名的熱帶雨林區，茶樹生長受辛哈拉加森林保護，不受季風影響，氣溫較穩定，而日照強烈氣溫高，促進茶葉葉片生長，因此盧哈納產區茶通常澀味濃厚。

🍵 盧哈納紅茶主要生產季節

盧哈納產區全年氣溫高，一年四季月皆適合產茶，產出澀味厚重，低緯度代表的盧哈納茶。

主要產季	月份	氣候	特色
全年皆可	1～12月	氣溫高且穩定	茶味澀且厚重、香氣濃烈

盧哈納茶葉風味特色

- 色澤：茶葉接近黑色，茶湯呈紅黑色澤
- 風味：口感厚重，澀味強烈
- 香氣：香氣強烈，帶有花香
- 適飲方式：茶味與澀味厚重的盧哈納茶適合調製成奶茶使用，不同澀味的茶與奶茶搭配，可調製出不同風味的奶茶，若想品味澀味濃厚的茶款也可以直接飲用。

斯里蘭卡產區6 康堤

康堤（Kandy）產區位於600～800公尺中低海拔的丘陵地帶，為斯里蘭卡古都，也是斯里蘭卡最早開始種植茶葉的產區，茶區融合中海拔與低海拔的特色，香氣平穩偏淡，茶湯色澤呈橙黃色、澀味輕，口味清淡，適合飲用於早茶或午茶。因康堤產區茶的茶味濃，適合添加牛奶及糖，在牛奶和糖的烘托下，表現出康堤茶味濃、口感清爽的特色。

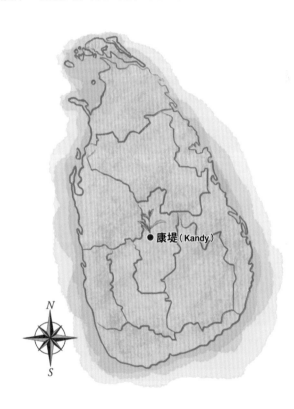

● 康堤（Kandy）

世界主要紅茶產區

印度

印度紅茶分級制度

斯里蘭卡

錫蘭紅茶分級制度

中國

台灣

產地特色

康堤茶區位於斯里蘭卡中央，地勢低，氣候不易受季風影響，由於氣候穩定造就茶葉產量、品質與味道穩定，紅茶適合多種變化，直接飲用、冷熱紅茶或奶茶皆合宜。

🍵 風土氣候

康提茶區海拔高度在600～800之中海拔，天氣氣候僅受到西南季風些許影響帶來適當雨量，也因周圍受到環山保護因此茶區氣候穩定下，茶葉中的兒茶素也較少，因此茶葉品質非常穩定，相對茶區整體產量也跟著穩定。

🍵 康堤紅茶主要生產季節

康提茶區因氣候變化不大，穩定的氣候條件下，一年四季皆可產茶，產量與品質皆很穩定。

康堤茶葉風味特色

■ 色澤：橙黃色
■ 風味：茶味濃，澀味淡，口感穩定順口
■ 香氣：香氣平穩偏淡
■ 適飲方式：康提茶區茶因茶味不澀，適合多項變化，是多功能型紅茶，適合沖泡做冷熱紅茶，喜歡享受濃厚奶香的奶茶也適用。

錫蘭紅茶分級制度

茶葉依據採摘部位與加工程度分為葉茶類的FOP、碎茶類的BOP、片茶類的Fanning、粉茶類的Dust四大主要等級。而錫蘭紅茶最主要還是以產區的海拔高度為主，再依據產區茶葉品質特性製成符合該茶區適當特性的類別，因此細說錫蘭紅茶的分級制度仍舊參照產區品質而定。

認識錫蘭紅茶分級

不同於國際分級制度，錫蘭紅茶一般以海拔高度區分等級為：高地茶、中地茶或低地茶。各產區茶依據茶葉採摘部位與茶葉篩選後，將錫蘭紅茶茶葉主要分為四個等級，分別為：FOP、OP、BOP、BOPF。

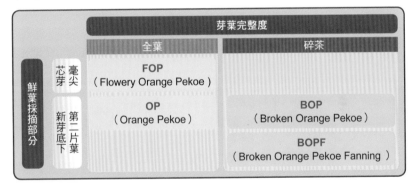

		芽葉完整度	
		全葉	碎茶
鮮葉採摘部分	芯芽（毫尖）	**FOP**（Flowery Orange Pekoe）	
	第二片葉（新芽底下）	**OP**（Orange Pekoe）	**BOP**（Broken Orange Pekoe）
			BOPF（Broken Orange Pekoe Fanning）

☕ FOP

FOP（Flowery Orange Pekoe），也就是由採摘自茶樹頂端嫩葉為製茶原料，所製成的全葉型紅茶。這種等級的紅茶，因為嫩芽多，通常風味口感清新，香氣純正，適合單品。

☕ OP

OP（Orange Pekoe），也就是採摘自第二片葉，葉片完整的茶葉，葉片約1～2公分。這種等級的紅茶，雖然嫩芽含量少但因為葉片完整，在加工過程時，只經過揉捻，而未經過切碎，所以風味純正，澀味不重。

BOP

BOP（Broken Orange Pekoe），是指製茶原料採摘自第二片葉，基本上原料的風味與OP等級差不多，但是經過加工製程後，以CTC的製法將完整的葉片切碎為大小約2～3公厘的碎茶葉，經過切碎後，BOP等級的茶口味重、因為切碎過程引起的兒茶素大量釋放，促進發酵，使得茶的發酵重，故滋味濃厚，適合調製奶茶。

BOPF

BOPF（Broken Orange Pekoe Fanning ）是一種小型碎茶，從較嫩的葉片取得製茶原料，加工製程時，將葉片切的有如沙一般細碎，使之容易沖泡出茶味。BOPF茶的滋味濃強，外形色澤烏潤，因含有嫩葉，口感與茶湯顏色與BOP茶相比，毫不遜色，通常加工製成茶包，非常適合沖泡奶茶。

∫INFO∫ 錫蘭茶選購竅門

斯里蘭卡是以出口錫蘭紅茶為主要經濟的國家，因此為了維護錫蘭紅茶品質以及規範出口制度，只要是100％純正錫蘭紅茶及達到一定的品質標準，斯里蘭卡茶葉局（Sri Lanka Tea Board）會頒發茶商品質認證核可標籤，圖騰是斯里蘭卡的象徵——獅子圖騰，在圖騰的上方標示：LION LOGO，下方寫著：Ceylon tea、Symbol of quality，貼有代表錫蘭紅茶品質標誌的紅茶，表示通過了斯里蘭卡茶葉局的品質標準檢查，也代表是來自錫蘭產地的產地茶。

中國

中國是茶葉的發祥地，茶樹源自於中國的東南部，生長在溫暖潮濕的環境中，至今已有十九個省分栽種茶樹並生產茶葉，其中最重要的產區是浙江省、湖南省、四川省、福建省和安徽省。茶葉也因不同的生產地區、茶樹品種、製作方法、發酵方式等等，而發展出數百種不同種類的茶葉。中國最早是以製作綠茶和烏龍茶為主，到西元十七世紀後半，才發展出紅茶的製作方式，並以福建省、安徽省、雲南省等地為中國紅茶的主要產區。

🍃 中國的紅茶主要產區

中國是紅茶最早的發源地，十九世紀以前，產自中國的紅茶曾經在國際市場占有一席之地，福建崇安縣星村鄉的小種紅茶讓英國人特別喜愛，為了因應外銷需求，開始生產紅茶，中國紅茶著名產區分別為福建省、安徽省、雲南省等地。

雲南省

雲南省的雲南高原所種植的茶樹，大多是原始的雲南大葉種茶樹，非常適合製作紅茶的品種。因此，雲南所生產的功夫紅茶「滇紅」，其品質十分優異，在國際市場上享有盛名。

安徽省

中國傳統的紅茶——功夫紅茶，在國際的市場上享有很高的聲譽。安徽省祁門縣是主要的產地之一，也就是世界三大名茶之一「祁門紅茶」的產地。

福建省

福建省約於西元一六五〇年，發展出紅茶的製作工藝，主要生產的是小種紅茶。生產於崇安縣星村鄉的稱為「正山小種」，其比鄰地區生產的稱為「假小種」，政和縣、建陽縣等地用碎紅茶煙燻的稱為「煙小種」。其中，以正山小種的品質最好。

中國

安徽省

雲南省

福建省

N / S

☕ 中國的地理環境

中國位在亞洲的東部、太平洋的西岸，總面積約為960萬平方公里，國家的邊境共與14個國家接壤。因國土幅員十分遼闊，因此分布了高山、高原、丘陵、平原、盆地和沙漠等各種不同的地型，地勢西邊高東邊低，西邊有全球平均海拔最高的青康藏高原，地勢向東邊逐漸下降為高原、盆地和平原。而氣候主要是受到季風環流的影響，分為東部季風區和西部非季風區，但又加上多變的地形，東部季風區又可分為熱帶季風區、副熱帶季風區和溫帶季風區，再加上南北兩區的年度溫差極大，因而形成了十分複雜的氣候環境。

☕ 中國的產區特色

茶葉源自於中國的西南部，生長於溫暖潮濕的地方，而紅茶主要的產區大多分布在氣候溫暖的高原地區，例如雲南省、四川省，熱帶氣候的廣東省、福建省，亞熱帶氣候的江西省、湖南省、安徽省、湖北省等地區。

中國的紅茶製作大約始於西元一六五〇年，福建省崇安縣一帶首先出現紅茶的製作方法，而最早出現的紅茶即為小種紅茶，大約於西元一八七五年才將紅茶的製法傳至安徽省祁門縣，才又發展出功夫紅茶的製法。到了十八世紀後半，中國生產的紅茶在國際市場上占有相當的地位，因此江西省、湖北省、四川省、浙江省、雲南省、廣東省、廣西省、貴州省等地也相繼開始推廣功夫紅茶的生產。

❧中國產區1 祈門

位於中國的安徽省，地處黃山的西麓，境內群山環抱、資源豐富。祈門縣最初也是綠茶的產地，在清朝光緒年間（約西元一八七五年），安徽人徐千臣自福建罷官回到家鄉，他在福建學習到工夫紅茶的製法，於是在家鄉開設茶莊、製作紅茶，其所製作的紅茶大受歡迎，使得其餘的茶莊爭相學習、推廣紅茶的製作，使得祈門成為生產紅茶的專業區了。祈門紅茶茶葉色澤烏黑，乾茶形狀如針狀般細緊、微微彎曲，沖泡後的香氣馥郁，帶有淡淡的松木燻香，滋味香醇。

❧產地特色

祈門功夫茶有著悠久的歷史，其與眾不同的香氣，稱為祈門香，祈紅的茶湯濃厚清爽，茶葉細緊勻稱、光澤烏黑，深受英國市場的喜愛。祈紅品質優異，曾獲得巴拿馬國際博覽會的金質獎，和印度的大吉嶺紅茶、斯里蘭卡的烏瓦紅茶並稱為世界三大名茶。目前祈紅不但銷售至歐洲各國，也是中國市場中的佼佼者。

☕ 風土氣候

祁門縣位於安徽省的最南端,為黃山支脈的地區,境內山巒起伏,四周有高山做為屏障,氣候十分溫和,雨水充足、年間約有兩百天降雨,日照適度、常有濃厚的雲霧繚繞,茶樹多為儲葉種,種植在肥沃的紅黃土壤中。在這樣環境中生長的茶樹,鮮葉柔嫩且內含的水溶性物質豐富,因此,在此地生產的茶葉,品質十分優良。

☕ 祁門紅茶主要生產季節

祁門紅茶是分批、多次採摘,採摘收穫期主要是在每年的四月～九月之間,且以八月採摘的茶葉品質最好。茶葉的採摘方式也依不同的品級有不同的採摘標準,特級的祁紅以一心二葉手工摘採為主。由於採收期短、製作的工法繁複,因此產量稀少,且價格昂貴。

祁門紅茶的風味特色

- **色澤**:茶葉色澤烏黑泛有灰色的光澤,形狀如針狀般細緊、微微彎曲。茶湯的水色,呈現鮮豔的橙紅色。
- **風味**:茶湯口感圓潤、滋味醇厚,帶有淡淡的香。特級的祁紅更帶有似蜜糖般芳醇口感。
- **香氣**:香氣馥郁,帶著飄逸清淡的松木燻香。特級的祁紅更蘊含著似蘭花般優雅的香氣,稱為祁門香。
- **適飲方式**:適合沖泡後直接飲用,品嘗茶湯中含有的淡淡松木燻香,加入少許的鮮奶一起品嘗,亦不失其香醇。很適合當成下午茶飲用,也因丹寧含量較阿薩姆種的紅茶來得少,亦可當成睡前茶飲用。

⚜中國產區2 武夷山正山小種

福建省崇安縣星村鄉桐木關的小種紅茶稱為「正山小種」，亦稱為「星村小種」。崇安縣位於武夷山山脈，地勢高峻，氣候溫和，十分適合茶樹的種植，因此生產的小種紅茶品質最好。由於正山小種的茶香獨特，在國際市場上備受歡迎，遠銷英國、荷蘭、法國等地。

中國

福建省

N

S

世界主要紅茶產區

印度

印度紅茶分級制度

斯里蘭卡

錫蘭紅茶分級制度

中國

台灣

🍃產地特色

正山小種的製作工法，是紅茶中最古老的製法，因為使用松柴煙燻烘乾而成，故茶葉含有濃厚的松煙香，香氣似中國的龍眼。也因為這濃厚的松煙香氣，代表著中國的風味，因此在歐洲的上流社會，受到極大的重視。

🍵 風土氣候

正山小種紅茶百年不衰，主要原因是星村和桐木關一帶，地處武夷山脈之北段，群山環抱、山高谷深，冬暖夏涼，年均氣溫18℃，年降雨量約2000毫米，春夏之間終日雲霧繚繞，日照的時間短。茶園土質肥沃，土壤水分充足，有機物質的含量高，茶樹生長繁茂，葉質肥厚柔嫩，成茶品質特別優異。

🍵 正山小種紅茶主要生產季節

正山小種對於茶葉採摘時間並不講究，一年四季都是茶葉的收穫期，但小種紅茶的製作工法卻十分地講究且繁複，其主要的程序是乾燥。在茶葉乾燥時，將已炒揉好的鮮葉攤放於吊掛在木架上的竹篩中，下面用松柴點火煙燻，藉由熱氣烘乾，在烘乾的同時，茶葉也吸收了大量的松煙香，這松煙的香氣成為正山小種最主要的特色。

正山小種紅茶的風味特色

■ **色澤**：茶葉鬆散，外形條索粗壯、色澤烏黑油潤，帶有濃厚的松煙薰香。茶湯的水色，呈現淡淡的橘褐色。

■ **風味**：茶湯口感滋味強烈爽口、澀味少，含有松木煙燻的香氣濃厚。特級的正山小種，更蘊含著似龍眼的香氣。

■ **香氣**：呈現出十分濃郁的松煙香，並含有桂圓香、蜜棗香。

■ **適飲方式**：泡後直接飲用，能品嘗到茶湯中濃郁的松煙香，加入牛奶一同飲用，香氣不減。因茶葉中單寧含量較少，亦適合沖泡成冰紅茶飲用。

✿中國產區3 雲南滇紅

雲南省產茶的歷史十分地悠久，在唐宋時期就以生產普洱茶而聞名。滇紅在西元一九三九年在雲南省鳳慶是首先試製成功，現在主要出產於雲南省瀾滄江沿岸的鳳慶、臨滄、昌寧、雙江等縣，滇紅功夫茶是雲南省的傳統出口商品，多年來行銷歐美、中東、日本等地，久負盛譽。

世界主要紅茶產區

印度

印度紅茶分級制度

斯里蘭卡

錫蘭紅茶分級制度

中國

台灣

✿產地特色

雲南大葉種是十分適合製作紅茶的優良品種，此種茶樹的鮮葉中茶多酚的含量豐富、多酚氧化酶活性強，在製作的過程中，能產生較多的茶黃素、茶紅素等物質，所製成的紅茶口感濃厚、湯色紅豔、香氣馥郁。滇紅是雲南紅茶的統稱，可分為滇紅功夫茶和滇紅碎茶。滇紅功夫茶，又稱滇紅條茶，其特點是芽葉肥壯，布滿金色毫毛，湯色紅豔，滋味濃烈，香氣馥郁。滇紅碎茶，又稱滇紅分級茶，其外形均勻，色澤烏潤，滋味濃烈，香氣鮮銳，湯色紅亮。

🍵 風土氣候

雲南省紅茶主要的產區是高海拔的雲南高原。雲南高原境內群峰起伏、水系發達、且屬於亞熱帶季風氣候、年溫差小，土壤肥沃，非常適合雲南原生茶樹——雲南大葉種茶樹的生長。

🍵 滇紅紅茶主要生產季節

滇紅的摘採期，約在每年的三月～十月間，以春天採摘的茶葉品質最為優良。原始的雲南大葉種茶樹高大，需用梯子攀爬到樹上摘採新葉。

滇紅紅茶的風味特色

- **色澤**：滇紅功夫茶外型呈條狀、芽葉壯實、布滿金黃色的毫毛；滇紅碎茶其外型勻稱，色澤烏黑。茶湯的水色透明，呈現豔麗的紅色，茶湯和茶杯接觸之處，會發出金黃色的光澤，稱為金圈。
- **風味**：茶湯口感濃郁渾厚，香氣濃郁。
- **香氣**：帶有焦糖的香氣，且隱約含有似柑橘的香氣。
- **適飲方式**：沖泡後直接飲用，能感受到茶湯渾厚的口感及茶湯中含有豐富單寧的微微澀味，加入少許牛奶亦不失其濃醇的香氣，更能使口感更加地柔順。

台灣

台灣由於島內土地面積有限，適合茶葉生長的地理環境位置受到侷限，但是台灣茶量少質精，是具高經濟價值以及代表性的農作物。台灣從清朝時即開始培育紅茶，日治時期，日本人為了滿足內需及外銷的紅茶需求，開始尋找適合栽種紅茶的地點，最後發現魚池茶區的地形、海拔高度與氣候皆與印度阿薩姆茶區相似，於是，開始引進阿薩姆種在台培育，並奠定台灣紅茶產業發展的根基。

台灣紅茶主要產區

台灣紅茶早期以小葉種紅茶為主要栽種品種，因品質與味道不夠好，日治時期，日本人為改善品質從印度引進大葉種阿薩姆茶種在台種植後，現在主要以大葉種為主，另有部分小葉種紅茶。大葉種紅茶的特色為茶湯清亮艷紅，香氣與滋味濃厚。目前台灣紅茶的主要產區依地理位置分布在中部的魚池茶區和東部花蓮舞鶴茶區，其中又以魚池茶區產量最多，占全台生產比例一半以上，是最主要的紅茶產區。台灣和世界其他知名產區相比，產量不豐再加上勞動成本高，價格不具國際競爭力，故多以內需市場為主。但台灣紅茶仍以高品質、獨具特色之滋味與香氣，讓世人驚艷，不管是產自南投魚池鄉的台茶18號、花東舞鶴的蜜香紅茶（小葉種紅茶），均各有特色。

南投縣
花蓮縣

N
S

魚池茶區
台灣紅茶發展與生產的重要產地，更是台灣大葉種紅茶起源根基。生長環境類似印度阿薩姆產區的魚池茶區，現以台茶18號（紅玉）聞名全台。

舞鶴茶區
使用自然農法生長的舞鶴茶區，培育代表台灣的紅茶，蜜香特色的紅茶清新自然。

☕ 台灣的地理環境

台灣地理環境特殊，緯度介於北緯22～25度間，跨越北回歸線，氣候型態為亞熱帶氣候及熱帶氣候，雨量豐沛，形成濕度高、土壤肥沃，適合茶樹生長的立地條件。在地形上，中央山脈貫穿台灣中央，大小河川密布，方便灌溉茶樹，而高山地區日夜溫差大，適宜的氣候與濕度使得茶葉在生長過程中，能夠生成豐富的內容物，形成台灣茶葉的特殊風味。

☕ 台灣的產區特色

台灣紅茶主要產區以南投魚池產區為首，其中以大葉種的阿薩姆品種最為聞名、品質亦佳，在日治時代，曾是進貢給日本天皇的貢品。曾經占外銷主力的阿薩姆品種紅茶在歷經產業結構變化，消費市場口味轉變，紅茶產業曾一度沒落，目前南投紅茶的主力則為由台灣野生種（台灣山茶）與緬甸大葉種雜交育種成功的台茶十八號。由茶業改良場魚池分場經過多年研究、培育而成的台茶十八號（紅玉紅茶）帶有薄荷、肉桂香氣，滋味濃醇渾厚、湯色亮紅，表現出色，為台灣特色紅茶。位於花蓮舞鶴茶區的蜜香紅茶，採用天然有機栽種法，培育出帶有蜜香風味的紅茶，其特殊風味有別於世界其他茶產區所產紅茶，果香馥郁、入口後強烈的蜜香令人一喝難忘，為台灣獨有的特殊紅茶品種。

INFO 台灣紅茶分類

台灣紅茶品種種類多，除原生種外，亦有引自印度之阿薩姆種，與經茶業改良場不斷改良研發之新品種。同一產區可能生產單一品種茶或多品種茶，台灣紅茶以品種分類如下：

- 阿薩姆種：引進印度的茶種，朱紅色澤茶湯十分豔麗，口感香醇濃郁。目前以魚池茶區之日月潭阿薩姆茶最為聞名。
- 原生種：台灣特有原生種，口感渾厚，入口後回甘，過去是貴族享用之台灣原生紅茶。
- 台茶八號：引自印度阿薩姆種，經茶業改良場魚池分場改良後的新品種，民國62年所命名。茶湯色澤艷紅，滋味醇厚濃強，茶香帶有淡淡的麥芽香。
- 台茶十八號：俗稱紅玉，為台灣野生種與緬甸大葉種雜交而成，獨特的清香茶味，口味甘甜散發薄荷與肉桂香。高品級的台茶十八號強調手工採茶，以「條型茶」為主，不經加工破壞之條型茶，能帶出濃郁香氣之獨特口感。
- 蜜香紅茶：茶葉之嫩芽經小綠葉蟬之叮咬下而捲曲，使得烘焙後的茶葉芳香，茶湯帶有蜜香。

❧台灣產區1 南投魚池茶區

魚池鄉面積約近121平方公里，地處於台灣中央屬南投縣管轄區。地形為山地及丘陵地形，為中央山脈與玉山山脈分支，海拔最高達2000公尺，茶園平均海拔多位於600～800公尺之間，具有培育茶樹之優越的地理環境，產出的紅茶可與祁門紅茶、錫蘭紅茶與印度大吉嶺紅茶相媲美，也曾在倫敦茶葉拍賣場名列頂級。日據時期之前原住民栽培野生茶種，漢人一直不得其門而入，因此產量也不多。日本人統治之後，引進印度阿薩姆種，不斷改良栽種技術，也開啟魚池鄉的紅茶產業，包含設立茶業改良場魚池分場，不斷培育新品種、改良栽種技術；早期魚池產區栽培之紅茶品種以阿薩姆種為基礎培育而成的台茶八號為主，921大地震之後，政府為了振興當地產業，積極發展魚池鄉紅茶產業，在此時期，茶業改良場魚池分場同時命名新品種——台茶18號俗稱紅玉。台茶18號香氣獨特，茶湯帶有肉桂的香味，口感清爽清澈，茶湯入喉後口中充滿甜味餘韻的滋味。

南投魚池

產地特色

魚池鄉產區內原以栽種由日本人引進台灣的阿薩姆品種為主，由於當初茶樹是以種子苗的方式栽種，容易產生變異，造成品質、產量不穩定，為了改善品質、方便管理，茶業改良場魚池分場不斷研究培育新品種，一九七三年成功培育出以阿薩姆種為基礎的台茶八號，統稱為阿薩姆紅茶，魚池產區的阿薩姆紅茶的茶湯色濃、口感強烈，茶味重，是台灣目前仍現存的紅茶品種。

魚池鄉的紅茶產業歷經產業結構變化，消費市場口味轉變，紅茶產業曾一度沒落，多數的阿薩姆種茶園荒廢。

921大地震後，魚池鄉重新發展紅茶產業，推出經魚池鄉茶葉改良場魚池分場歷時多年改良後育種成功的台茶18號（紅玉），是一款與國際知名產區做區隔的特有紅茶品種。魚池產區特有的台茶十八號，茶色紅亮、茶湯香氣濃郁，帶有肉桂香及薄荷香，口感醇厚，適合單品。

INFO 台灣獨有的台茶十八號

南投魚池的紅茶本以阿薩姆品種為主，且石油危機時，外銷無法與國外的廉價紅茶相比，內需市場又因品茶口味改變，紅茶產業沒落，導致茶園荒廢，一九九九年921地震後，南投魚池鄉打算重新發展紅茶產業，但因茶樹老化，加上勞工成本大增，產量少、生產成本高，無法和進口阿薩姆紅茶競爭，於是只能生產具有特殊性的紅茶。

「台茶十八號」是茶改場魚池分場歷經多年研究育種的新品種，其特殊薄荷香氣和肉桂香就來自台灣山茶。

風土氣候

魚池鄉土壤型態多以黏土為主，排水良好，促進茶樹生長。四面環山受季風影響較小，平均溫在18℃左右，每年最高溫度在六月到九月的時候，同時也是降雨量最高的季節，年平均降雨量約在2,000公厘左右，提供茶樹良好生長環境。魚池茶區整體之土壤溼度良好，再加上優越的地利位置與平穩的氣候，提供了魚池鄉孕育高品質紅茶的絕佳條件。

魚池紅茶主要生產季節

魚池茶區一年四季皆可產茶，依時序由四月至五月起的春茶、五月~六月的夏茶、七月~八月的六月白、九月與十月秋茶到十一月及十二月的冬茶等五個產季。

夏、秋兩季是魚池紅茶品質最佳的季節，由於這兩季的日照足、濕度也夠，形成水色紅豔、滋味濃厚的多元酚類成分足夠，使得這時節採製的紅茶不管在湯色、滋味表現上，均有不錯的表現。

魚池茶區的風味特色

- **色澤**：台茶18號的茶湯色澤金紅、透亮；阿薩姆紅茶的茶湯色澤艷紅。
- **風味**：台茶18號以醇厚口感為主；阿薩姆種口感濃厚味道重。
- **香氣**：台茶18號的香氣濃郁帶有肉桂香及薄荷香；阿薩姆種紅茶香氣醇厚帶麥芽香。
- **適飲方式**：品質高之「條型」台茶十八號適合直接飲用，阿薩姆紅茶適合製成冰紅茶。

台茶18號

阿薩姆紅茶

⚜台灣產區2 花蓮舞鶴茶區

舞鶴茶區位於花蓮縣瑞穗鄉之舞鶴台地，位於北回歸線上，經茶業改良場輔導後，種植茶樹。舞鶴茶區栽培品種主要以口感獨特蜜香之小葉種紅茶為主，蜜香紅茶之茶菁受小綠葉蟬啃咬而使得葉緣捲曲，成品帶有獨特的蜜香。製作蜜香紅茶時，只取茶樹前段一心二葉至一葉的茶芽，且被小綠葉蟬咬過的茶樹會快速凋萎，水分變少，因此製作一斤蜜香紅茶，就要耗費五千至一萬片茶芽，如此費工夫製成之蜜香紅茶泡起來甘醇順口，再三沖泡也不會苦澀。

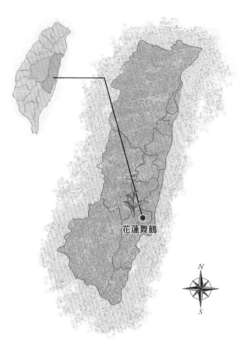

花蓮舞鶴

🍃產地特色

舞鶴台地的天候和地理適合產茶，近幾年來在市面上受到矚目的花東蜜香紅茶，是由茶業改良場台東分場陳惠藏課長研發，再經由嘉茗茶園負責人高肇昫和夫人粘筱燕，東昇茶行的負責人粘阿端共同改良研製的特殊口感紅茶。茶葉在生長過程中，葉片遭小綠葉蟬啃咬（俗稱著涎）而使得葉緣捲曲，成品帶有獨特的蜜香。未沖泡的茶乾呈條索狀，未經切碎，故沖泡後，茶色呈現香檳色，香氣帶有蜜香甜味，品嘗時也帶著圓滑口感，入口後不苦不澀，柔潤中帶有濃郁的甘甜味。也因其特殊的口感表現，此款紅茶還曾榮獲二〇〇六年的世界紅茶比賽冠軍。

蜜香紅茶如何誕生

蜜香口味的茶台灣以前就有，例如帶有蜜香的東方美人茶，但卻從未有蜜香口味的紅茶。由於茶葉在生長過程中，茶菁原料遭小綠葉蟬啃食，所採摘下的茶菁在經過加工製成茶葉後，帶有一股蜜香味，且風味特殊，但這種味道當初卻不為人所喜。茶業改良場台東分場的陳惠藏課長長期研究蜜香口味的茶，他發現將這種遭小綠葉蟬啃食的茶菁製成綠茶和紅茶非常好喝，和傳統紅茶口味迥然不同，研發成功後，再將技術交由嘉茗茶園，經過不斷改良，終於成功研發出廣受好評的蜜香紅茶。

風土氣候

舞鶴茶區位於花蓮縣瑞穗鄉東方，東臨太平洋，西倚中央山脈，北回歸線劃過瑞穗鄉，使得舞鶴茶區氣候四季如春，氣溫屬熱帶氣候，全年平均氣溫約在23.6℃左右，最低溫在16.1℃，年平均相對溼度約為 81％，是茶樹喜歡的生長環境。舞鶴的地形為山坡台地，海拔標高在150~300公尺，清晨的霧氣濕潤茶樹促進生長品質，黏質酸性土壤是茶樹喜愛的生長環境，造就良好的立地條件。

舞鶴紅茶主要生產季節

舞鶴產區生長環境優良，因誘使蜜香紅茶生產之小葉綠蟲每年夏季至秋季較為盛行，因此舞鶴茶區之品質也以夏秋兩季較為優良。

花東蜜香紅茶的風味特色

- 色澤：茶湯呈現琥珀香檳色澤。
- 風味：口感滑順醇厚、帶有蜜甜味。
- 香氣：有如蜜香般的芳香。
- 適飲方式：適合直接飲用。

第四篇

如何選購紅茶

紅茶的品項眾多，有來自產地的產地茶，紅茶商的品牌茶、拼配茶、調合茶等，面對選項眾多，價格差距懸殊的紅茶，應該如何挑選？本篇從選購目的切入，先釐清使用目的，是要自己喝還是做研究、送禮？接著，再依需求選擇要購買產地茶或調合茶，並從個人的喜好著眼，找到適合的茶款。至於如何挑選專業的店家，選購的要點，均有相關的說明。此外，購買回來的紅茶若沒有妥善保存，很容易變質。了解影響紅茶品質的幾個因素及保存的方法，實務上再輔以妥善的保存，即可維持紅茶的鮮度與良好的風味。

本篇教你

- 🍃 紅茶選購的要點
- 🍃 從選購目的挑選紅茶
- 🍃 看懂紅茶包裝標示
- 🍃 從個人偏好挑選紅茶
- 🍃 現場挑選紅茶的訣竅
- 🍃 學會紅茶的保存方式

紅茶選購的要點

紅茶主要的出口國為印度與斯里蘭卡，這些國家都曾因英國殖民在此開闢茶園，建立莊園制度，紅茶事業發展歷史超過百年，在紅茶的風味上除可品嘗來自產地的產地茶或莊園茶外，另外，也發展出在茶葉添加花朵、水果等香氣的薰香技術，也有的專業紅茶公司發展出專屬於自家口味的品牌茶，面對眾多選項的紅茶應該如何選購，才能找到心頭好，以下就紅茶的選購要點，整理出以下四點：選購目的、作品履歷、個人偏好、選購現場，提供選購時的參考。

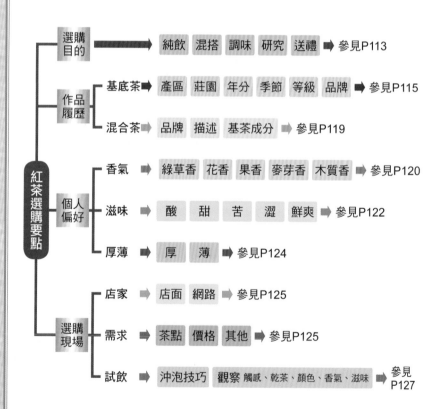

依選購目的

選購紅茶前，應先確認購買目的與飲用方式。一般來說，常見的選購目的有：是否單品？是否要自行調配紅茶？是否用來製作調味茶？自行進階研究用？還是想送禮？有了初步的選購方向後，才能選擇適宜的作品並建立合理的期待，如此一來，即使沒有選到心中滿分的作品，也不會和購買的期待相差太多。

純飲

單品紅茶以純飲為主，或在飲用時添加少許糖調味。這種將茶做為主體的飲用方法，選購時必須注意作品風格是否討喜，特別是滋味的強度、濃烈與刺激性因個人口感而異。單品茶的口感，一般比調味用茶淡雅。

單一莊園的原味茶是單品常見的選擇。年分產地茶和紅酒一樣，都重視產地、莊園等風土環境孕育下，先天所帶的風土特色。每年的氣候環境不同，茶葉風味也會有所差異，不同年分、產季的產地茶，風味均有別，這也是喝產地茶的樂趣。台灣與中國的功夫紅茶、印度大吉嶺與阿薩姆、或是斯里蘭卡的烏瓦與努瓦拉埃利亞，皆是原味茶的代表產地。

各品牌的拼配茶（參見P50）也是純飲的選擇，專業師傅的拼配技術，是選擇的關鍵。如同調合式威士忌，即使皆以大吉嶺紅茶做為標示，各品牌還是有自己的獨門口味，購買拼配茶可以期待一直喝到相同水準的作品，因此，品牌塑造出的口味是選擇的依據。

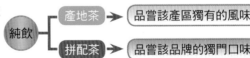

混搭

如果已經熟識產地風格，或許會想自己拼配出適合今天心情的紅茶，這時選購的方針應以廣度為主。可以試試具水果香氣的努瓦拉埃利亞、葡萄香著稱的大吉嶺、烏瓦紅茶的強烈風格、松煙桂圓香的正山小種……等，在不同比例下調和出來的結果。肯亞紅茶不常用於單品，但與各產地相容性高，又能修飾滋味、水色，反而是拼配茶常見的原料，如同調製雞尾酒，需要擁有愈多不同風格的材料，讓混搭變得多元有趣。

選購要點

選購目的

作品履歷

個人偏好

現場選購

保存方式

調味

選購用來調味的茶，要注意的是滋味風格是否搭配，以及滋味強弱能否互補。常見用於調製水果茶的尼爾吉里紅茶，爽口而帶有檸檬芬芳，風格搭配得宜；同時選擇製作調味茶的滋味應要比單品更強烈，例如，BOP等較細碎的作品，或是阿薩姆等具厚實感的作品，能避免茶味被調味品蓋過，特別是調製奶茶，有時純飲時滋味苦澀不甚討喜的味道，其強烈的個性在牛奶的烘托下，反而能調出柔滑順口的奶茶。

研究

以研究為主軸時，可以由廣至深，先比較不同產區特色，再鎖定特定產區、製程或品種……等方式。實驗可以自行設計，比方說若對於印度大吉嶺產區有興趣，由於此區莊園制度完善，風格鮮明，可以分階段嘗試不同莊園之作；也可以鎖定品種，如台灣、阿薩姆等茶種培植風行的產地，比較大葉種與小葉種風格表現。藉由感官敏銳度的練習，增進紅茶品鑑的趣味與知識性。

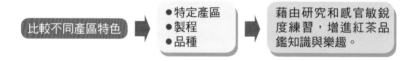

比較不同產區特色 ➡ ●特定產區 ●製程 ●品種 ➡ 藉由研究和感官敏銳度練習，增進紅茶品鑑知識與樂趣。

送禮

以送禮為目的挑選紅茶作品，首要知道對方是否有品茶習慣。若送禮給有品茶習慣者，知道對方偏好，如產區、品種、或口感特色等，有助於挑選顯明而對味的作品；若不知對方偏好，可以選用知名度較高的茶款或莊園，這些作品品質穩定、鑑別度也高，即使口味不合仍有水準。若是無品茶習慣者，可以先依對象的身分地位考量預算，挑選知名度較高的品牌，由調茶師調出的品牌茶（Blend Tea）通常是以市場為訴求，大眾的接受度相對較高，是比較保險的作法，而品牌價差也具彈性，多看看幾種，總能在預算範圍內找到目標。

看懂作品履歷

選購紅茶時，產品外部的標示，可以為消費者勾勒產品的訊息。不同類型的紅茶，會有不同類型的標示，單一莊園產地茶的標示最繁複，除了產地外，有時會附註莊園、年分、季節等其它訊息；品牌產地茶較單純，產地與品牌是最重要的指標；而由調茶師設計出的混合茶，除了品牌是最大的鑑別點外，標貼上通常會加註使用的基茶原料與口感描述。這些資訊都有助於幫助我們認識作品。

🍃 單一莊園產地茶的標示

未經混搭拼配的單一莊園產地茶，產量稀少、每年產出的紅茶也會隨天候環境，在香氣與滋味上略有變化，因此在標示中，必須明確附註產區、年分、莊園、季節與等級。通常與完整標示比較，少了的部分，有可能是做為拼配的部分，例如，如果少了季節時間，便是以季節做為拼配；少了莊園，就是以莊園做為拼配的作品，當然也有可能只是進口商未標示出來，這時可以訊問店家或服務人員，以獲得正確資訊。

單一莊園的產地茶通常會有以下資訊：

產地茶標示

產區 —— DARJEELING

莊園 —— Marybong

年份 —— 2011

季節 —— 2nd Flush

等級 —— FTGFOP1

大吉嶺紅茶系列
塔爾波莊園 夏摘

DJ-306   50g/1.8oz

選購要點

選購目的

作品履歷

個人偏好

現場選購

保存方式

☕1.產區

印度大吉嶺的清新水果味香氣、阿薩姆的厚實與麥芽香味、中國正山小種的桂圓與松木煙燻香……等，都是許多人熟知的產區特色。未經拼配的產地茶有機會找到風格較特殊的作品，而各品牌拼配師傅調製而成的品牌茶（Blend Tea），則通常與我們認知的產地風格相去不遠。但不論哪一類茶，熟悉產地風格，便能從各產區風格著手，縮小尋找範圍。

☕2.莊園

在莊園制度完整的國家，如印度、斯里蘭卡等地，莊園因環境與製程技術上的差異，作品風格也具一定的鑑別度，莊園即是品牌象徵。由於各莊園是獨立販售或利用拍賣制度標價，莊園知名度也會影響市場價格，例如大吉嶺產區著名的莊園凱瑟頓（Castleton Tea Estate），就曾因多次奪得拍賣會場的最高價，被譽為大吉嶺夏茶之王，相對地市場售價也高於其它莊園。建議新手可以從知名度較高的莊園開始接觸，或從書本、網路找尋相關介紹，了解莊園特色幫助選購。

∫INFO∫ 台灣茶農的紅茶產品標示

台灣的茶業在文化與政策的差異下，許多小農各自依其經驗、技術，發展出屬於自己的特色，有時會在茶款上，標示出茶園或製茶師傅的名字，能代表其作品的出處與品質保證，恰似國外的莊園標示。

茶園

經營者

☕3.年分

品牌茶（Blend Tea）通常不會標年分，因標榜品牌特色而口味固定，品牌茶的年分並不重要，但對未經拼配的原味茶就很重要。年分可以判定存放時間，存放期間長短影響香氣口感，不同產區的產地茶依年分不同，香氣口感變化也不相同。通常高香而刺激性強的大吉嶺春摘存放一年後，香氣容易失散，但刺激性降低反而順口；反之，有些作品如金駿眉紅茶，經一兩年的存放，松煙味會慢慢轉化成乾果的香氣，滋味也會變得更加醇

厚順喉，價格不降反升，這些變化不是絕對，購買時要輔以試飲，而新手對年分的掌握，基本的概念是新茶香氣銳而口感鮮爽，久放則日趨醇和平穩，另外要注意採購回家後存放時間即可。

選購要點

選購目的

作品履歷

個人偏好

現場選購

保存方式

INFO 產地最佳年分

年分的另一個影響，是如同紅酒般也有最佳年分，同樣是經濟作物的茶樹也會受到環境氣候影響，但影響非絕對，而新手或非專業人士判別度也低，在此不多著墨。若在茶葉保存良好之下，同時沖泡不同年分的作品，則較易藉此比較而分出差異。

4.季節

品牌茶（Blend Tea）會做季節標示並不常見，大多出現在未經拼配的原味茶。季節影響氣溫、日光、降雨等自然環境因子，使作品風格得以差異化。通常相對炎熱的夏季，會做出滋味較明顯的紅茶，但這僅是概括性的說法。新手在季節的學習上，可以先試著找出最佳產季，例如錫蘭紅茶的烏瓦（Uva）產區，冬季有東北季風挾帶之雨量，以七～九月的夏摘著名；反之，努瓦拉埃利亞（Nuwara Eliya）茶區，則因夏季受到西南季風雨量影響，最佳產季為一～三月的春摘；或試者找出產季的風格，例如印度大吉嶺的春摘香氣最具清香、夏摘則滋味鮮明，若要沖泡奶茶秋摘較合適。熟知季節配合產區特性，即能輔助找出自己喜歡的風格。

5.等級

等級會影響紅茶的沖泡時間與口感，至於要選用何種等級端看使用方式。如果是想單品以品嘗出茶葉的風味特色，可選用較完整的全葉茶，若是奶茶沖泡則較常選擇碎葉型作品以凸顯滋味。此外，補充一個與選購息息相關的重點：雖說高等級未必與品質劃上等號，但較高等級都有較高價格是不爭事實。唯需注意的是還需搭配莊園，名莊園同等級的作品，價格也往往高於一般其它莊園。

INFO 採摘部位與等級的標示

前面介紹了代表等級的一串英文字母，像是大吉嶺的SFTGFOP1、阿薩姆的GFOP或錫蘭汀布拉的BOP等。台灣的作品則有時將這些英文字母以中文字呈現，所以若是在購買時看到註明一心二葉、一心三葉、或以第四、五葉為採摘部位的標示時，可參閱第二篇的認識紅茶的分級制度（參見P51）找到相對應的等級。

INFO 發票號碼

有些產地茶會在商品訊息附上Invoice No.（發票號碼），這看似商業的訊息其實是向消費者透露著，這些是不經拼配的產地茶；我們知道由於每年氣候條件與製程參數的維調，都會影響作品成果，所以同一張Invoice No.，也代表著產品品質的一致性。以大吉嶺為例，一般約是以100公斤左右為一個生產單位，每年從Invoice No.從DJ-1、DJ-2⋯⋯開始編號，拍賣會場上，品評者會逐一嘗試各生產批號的品質，做為出售依據，因此每一支賣出去的作品，價格都不相同，選購者的專業相對重要。

Invoice No.

標示完整度與價格

產地茶的標示中，主要包括：產區、年分、莊園、季節、等級、或Invoice No.等資訊，雖然未必相等於口感與品質，但能協助我們，做為眾多紅茶商品中篩選的依據，一個打趣的說法，資訊愈完整的商品，市場價格通常也愈高。

❧品牌產地茶的標示

若是要選購品牌茶（Blend Tea），不妨多以品牌搭配產地做為選購主軸，挑選自己喜歡的味道。因為品牌發展下的產地茶特色通常很鮮明，讓消費者能最容易辨別出錫蘭與阿薩姆紅茶的味道，而且品質一致。若是純飲，沖泡的方式一致，味道便不會差太多，若是想製作調和茶，比例也不會跑掉。這些品牌選用一至數十種來自各莊園的作品，各自拼配出心目中屬於該產地、同時也會受消費者青睞的味道，數十年如一日，而不同品牌的產地茶，如較帝瑪（Dilmah）、唐寧（Twinning）、立頓（Liption）的阿薩姆紅茶，味道自然有所差異。

品牌

產區

產地國

等級

附註：
某些品牌會說明所使用的茶葉

品牌

商品名稱

茶名

附註：
某些品牌會說明所使用的茶葉

❧混合紅茶的標示

混合紅茶使用數種茶或添加香料、植物混製而成，少了產地風格做為依據，風格也較不易捉摸。還好這些由調茶師精心調配的作品，通常有較高的市場接受度，即使不是喜歡的口味，也不致無法接受。除了其他飲用者的經驗分享、品牌的信認，這些混合紅茶的標示中還可以參考標示上口味的描述，以及基茶與混合原料說明，藉由本書產地茶的介紹中，可以預期混合紅茶其口味可能有的特性。

選購要點

選購目的

作品履歷

個人偏好

現場選購

保存方式

找到個人偏好

不論是初學者或玩家級的茶友，選購紅茶前，若能先試著了解自己的偏好，才能幫助自己購買符合自己口味的紅茶，購買時可以試著向店員具體說明喜好，例如正在找尋具花香、口感鮮爽而不要太厚實的作品，類似這樣的描述，會比僅說出要購買好喝的紅茶來得具體得多。

➤香氣

紅茶的香味是各種芳香氣物質，依不同濃度比例組合，經揮發作用對嗅覺神經產生的刺激。這些香氣物質成分很複雜，有些存在於鮮葉中，有些則是在加工過程中形成，雖然僅占乾茶重量的0.01～0.03%，但對茶葉風格有決定性的影響。以下就香氣做初步的歸類，分成綠草香、花香、果香、麥芽香與木質香等五大類。

☕ 綠草香

綠草香讓人清新舒暢，徜徉於草原與涼風間的自然。來自印度大吉嶺的作品，特別是春摘與夏摘，通常帶有輕揚的綠草清香；同是高地的斯里蘭卡努瓦拉埃利亞（Nuwara Eliya）產區，也帶有具季風洗禮過的青草香；尼爾吉里（Nilgiri）與烏瓦（Uva）產區的作品，則有適中的草香；通常CTC製程下的作品有一定程度的青草味。而採用大量毫尖、發酵度偏低的作品，也容易帶有毫香。

> ## INFO 綠草香氣的元素
>
> 茶湯中青草味的元素，最主要來自青葉醇與醛類物質，青葉醇導出的強烈青草味有順反型兩種結構，順型占95%左右之高比例，具有青草腥臭；剩下的反型僅約占5%，但具清香味。這裡探討的氣味，指的是對感官有正面感受的青草味。

☕花香

帶有如花朵般芬芳香氣的紅茶，常給人綺幻的感受。植種阿薩姆大葉種的烏瓦產區，茶葉帶有百合與蘭花般的香氣；中國祈門紅茶的小葉種則常帶有玫瑰花香；或者可以在大吉嶺產區，可以找到具白花清香或帶有紅花暗香的作品，特別是春摘與夏摘，花蜜香氣是常見的特色；而台灣魚池以帶有肉桂香味的紅玉紅茶著名，而花蓮舞鶴的蜜香紅茶，則是因為生長過程中茶葉遭小綠葉蟬叮咬，而使作品散發濃郁蜜香，甘醇順滑。其它如印度的尼爾吉里、錫蘭的坎迪或汀布拉，通常也帶有些許花香味。

果香

如水果般的甘甜香氣，有時還會帶出稚嫩酸感的美妙，令人兩頰生津。如果要找尋具果香的作品，不妨試試花東舞鶴的蜜香紅茶，或常見帶有

酸甜柔順的台灣紅茶；而阿薩姆的單品紅茶中，也常帶有熟果香，也是不錯的選擇。另外大吉嶺的地理環境與製程技術，常為其作品帶來令人著迷的新果香與麝香葡萄風味，是果香著名的代表作。其它如努瓦拉埃利亞（Nuwara Eliya）產區，以及中國的工夫紅茶如雲南的滇紅等，也常能找到具熟果香或龍眼香之作。

☕麥芽香

成熟的麥芽香令人愉悅。台灣紅茶常帶有由熟果香進化而成的發酵香，少部分大吉嶺也有類似的作品；但沈穩厚實感的麥芽香則是阿薩姆的專利，阿薩姆或台灣魚池鄉使用帶有阿薩姆血統的大葉種，充足的發酵配合控制乾燥時的溫度，創造出蜜糖、蔗糖及焦糖香，有時亦能找到具堅果與巧克力味道的作品。另外，印尼的爪哇紅茶，與一些以CTC製程的作品，也能找到麥芽香系的香型。

選購要點
選購目的
作品履歷
個人偏好
現場選購
保存方式

木質香

木質香讓人感到舒服而有安全感，包括如樹木的木香、燻煙碳烤香，與茶特有的葉香等。其中最著名的要屬福建省武夷山的正山小種，風土條件與特有的製程，使作品中帶有松木及煙燻香，其它小種製程下的紅茶也有類似表現；其它中國工夫紅茶，阿薩姆紅茶、與多次乾燥或加以焙火的作品，常會有燻煙或碳烤香。茶葉特有的葉香則是廣泛地存在於各種作品，一般而言，若以保溫效果良好燒結度低的茶具沖泡，茶葉特有的葉香更顯著，而略帶樹脂香的大吉嶺與努瓦拉埃利亞（Nuwara Eliya）產區的作品中，葉香有時較不明顯。

滋味

紅茶的滋味是沖泡技巧、茶具、水與材料選用形成的整體表現。茶葉中化學成分與組成比例含量、比例，是影響滋味的原因，藉由對作品特色的認識，可以篩選出較容易符合心中期待的滋味。以下歸納出口腔味覺常見的滋味。包括了澀、甜（甘）、酸、鮮爽、苦五種指標。

澀

紅茶中的澀感，又稱做收斂性，與酸、甜、苦味等味道傳導不同，是因兒茶素與茶黃質造成口腔細胞收縮，失去潤滑產生的摩擦觸感有關。印度大吉嶺與斯里蘭卡高地產區的作品，如努瓦拉埃利亞與烏瓦紅茶，帶有細緻而些許侵略性的澀味，能刻劃出立體骨感、帶出回甘滋味；阿薩姆產區的茶，澀感多為粗獷扎實；台灣的紅茶作品，則大多將收斂性修飾得更圓融，細膩的手法為紅茶拉出層次。而講求滋味強勁的CTC製程，作品多半保留一定程度的澀感，在沖泡奶茶時的悶煮過程中盡顯無遺，是引出奶茶風味極為重要的元素。

☕ 甜（甘）

甘甜的滋味總是很討喜，紅茶中的甘甜來自糖類與氨基酸。氨基酸是紅茶甘味主要的來源，通常位於海拔較高的產區，如大吉嶺、努瓦拉埃利亞、烏瓦與台灣高山紅茶等，因為地理氣候的關係，含有較多氨基酸。而茶葉中的糖類因可溶性較低，影響較不明顯，多半是在製程中形成特有的紅茶甜，有較綿密的口感，在許多功夫紅茶如滇紅與台灣紅茶作品中找得到；而善用小綠葉蟬吸吮後，造成蜂蜜香甜的台灣蜜香紅茶，也為甜味樹立一個新指標。

☕ 酸

適度的酸感，能生津止渴、增添紅茶的想像空間，紅茶中有機酸、氨基酸與沒食子酸等，是成就其酸味的來源。酸味的呈現需要高超的工藝，紅茶的製程中揉捻、發酵、乾燥等工序皆會影響酸味，台灣的茶園通常座落於較高的海拔，配合師傅製程中拿捏得宜，常能找到隨四季變化的果酸，與令人生津不止的發酵香。而愈嫩的新芽含有機酸愈高，在製程類型廣泛的大吉嶺產區，也能找到利用嫩芽製成具龍眼、鳳梨或芒果酸的作品。此外，紅茶在接觸空氣返潮後，也會略帶有酸性。只要酸味是舒服的，也能提升啜飲時的感受。

☕ 鮮爽

紅茶的鮮爽度來自於茶黃素、咖啡鹼與茶氨酸，是選擇茶款時常見的考量之一。較新鮮的茶或發酵度偏低、乾燥時間與次數低的作品，通常鮮爽度高；發酵充足、乾燥時間與次數高，或經存放後的作品則變得醇而順口。基本上大吉嶺與努瓦拉埃利亞給人的印象通常鮮爽度較高，反之，小種紅茶、工夫紅茶與阿薩姆紅茶則較醇和。

選購要點

選購目的

作品履歷

個人偏好

現場選購

保存方式

☕ 苦

茶葉中的花青素與咖啡鹼，是紅茶苦韻的來源。苦味能透過沖泡方法來調節，有些紅茶冷卻後會出現帶有乳白色的渾濁，將茶湯染成似咖啡奶茶的色澤，這種因為咖啡因與茶多酚結合產生的乳化現象愈明顯，茶味也愈苦，適當苦韻能豐富茶的感受。通常揉捻程度愈高，愈容易將苦味沖出，如果是因想沖泡奶茶而找尋有苦味的作品，碎型紅茶與CTC製程的紅茶倒是不錯的選擇。

🍃 厚薄

茶湯的厚薄度，是指啜飲茶湯入口後，給予人的厚實或輕薄口感。單品時有人嗜飲口感較厚實，有人則喜歡口感較薄的作品，製作調和紅茶時，基茶口感愈厚實，能融和愈強烈或愈高比例的果汁或鮮乳。

☕ 厚度

味道的強度、茶質的濃度、以及茶葉中的果膠素都會影響口感上對厚薄的認知。味道厚實的作品如阿薩姆、正山小種或祈門紅茶等，口感輕薄的以大吉嶺、錫金與努瓦拉埃艾利亞等產地為代表。

以香氣、滋味、厚薄為依據，在文章中列出的產地，只是概括性地讓讀者縮小選購目標，增加找到自己偏好作品的機率。以莊園制度盛行的大吉嶺為例，各莊園的製程活潑、作品變化性大，但也增加了找尋作品過程中帶來的驚喜。

現場選購的要點

當已經掌握了採購要點，確立了自己的使用目的及口感喜好，在出發購買紅茶前，先弄清楚前往現場購買時的注意事項，協助你在採購過程中更順利。你可以參照這些做法，或選擇需要的部分。

INFO 找資料做功課

如果你的目的是品牌調和茶（Blend Tea），可以試著找尋是否有相關的介紹或他人的飲用狀況；選購產地、年分、季節限定的原味茶，因為莊園眾多、價格受年分影響變動性較大，不妨先試著找尋相關訊息，除了能幫助選擇外，在文化知識吸收的過程中，更增添選購樂趣。

購買場所

專業而值得信賴的店家，是購買時的首要條件。專業的店家會留意茶葉存放要點，首先，茶葉怕光線直射，因為光線會加速氧化，且避免異味，以免乾茶因吸收異味而變質。因此，選擇店家時，注意陳列茶品的賣場不能有異味，不但會影響試喝時嗅覺的感官，且乾茶容易吸收這些異味；賣場的光線需充足，但乾茶必須置於不透光的容器，因為光會加速氧化，影響香氣與滋味的呈現。但實際現場沖泡試飲時，觀察乾茶與茶湯皆需要明亮的光線，所以仍須有充足的光線。此外，銷售人員應該有專業與敬業的熱忱，願意為顧客解答並協助找到合適的作品。時下愈來愈多透過網路的銷售方式，除了商品介紹與其它買家的分享外，乾茶、茶湯、葉底應有清晰的商品照片，讓資訊透明完整，以方便顧客判斷選購。

選購要點

選購目的

作品履歷

個人偏好

現場選購

保存方式

個人需求

優良的紅茶銷售人員，應視顧客需求量身推薦合適的作品。而賣家選購時也要能清楚描繪個人需求，前面介紹了選購目的與個人偏好，是每位選購者參考的指標。以下接著介紹個人可能還會有的特殊需求。

1.茶點搭配需求

紅茶可以搭配的食物很廣，但良好的搭配可以讓食物與紅茶皆得到加分的效果。食物搭配中若有起士、乳酪、奶油類等，奶茶是不錯的選擇；搭配主餐的紅茶不能太單薄，帶有煙燻香的小種紅茶，以及阿薩姆皆能與燻製肉類搭配，同時幫助去膩；大吉嶺與努瓦拉埃利亞（Nuwara Eliya），則是下午茶、輕食、水果蛋糕不能缺少的紅茶。當有宴客或特別的茶點考量時，可以讓服務員充當餐廳裡的酒保，為你挑選合適的作品。

2.價格考量

一支好的作品，製作過程投入的心力難以估計，有些高檔的紅茶每百克市價上千，但未必適合新手，有時鮮明的個性也未必適合所有茶友。同時，紅茶價格落差頗大，以自己預算為考量，請店員推薦時，不妨直接告知預算並輔以試喝的感覺。

3.其他需求

紅茶沒有有限定飲用時間，但早餐時飲用稍濃烈的茶，能佐餐並幫助醒腦；白天飲用刺激性較強的紅茶，能提振精神幫助工作；晚間則避免選用咖啡因太強，影響睡眠的茶飲。紅茶較綠茶溫和，不易引起腸胃不適，但較腸胃敏感者可以請服務人員推薦發酵度較完整的紅茶類型，如阿薩姆紅茶、台灣著名的紅玉紅茶……等，都是常見的發酵度較高的作品。

試飲

若現場可以試飲，實際沖泡出來的口感，最能直接幫助選購，紅茶的香氣、口感、湯色的呈現，現場即能確認。但採購回家後自行沖泡，有時會發現味道似乎不太一致，為避免這個問題，採購時別忘了請服務員指導沖茶方式，茶水比、水溫、沖泡時間等變化，都有會對紅茶帶來關鍵的影響，雖然販售紅茶的專門店裡，無論在茶具或用水都有更專業的考量，但了解沖泡方法，便能減少回家沖泡後口感上的差異。

此外，在現場購買試飲時，可以從以下五個面向做觀察：

	○	×
觸感	1.緊實、硬而重 2.輕壓易碎	1.鬆散、軟而輕 2.輕壓不易碎
乾茶	1.大小一致性高 2.光澤或無磨損感	1.大小不一 2.乾茶似磨損破皮感
湯色	1.明亮有光澤 2.茶湯清澈 3.杯壁有明顯光圈（Golden Ring）	1.暗深色無光澤 2.茶湯混濁 3.杯壁無光圈
香氣	令人舒服的香氣	陳味、霉味等不舒服的味道
滋味	味道自然舒服	帶有令人不悅的酸、苦味

選購要點

選購目的

作品履歷

個人偏好

現場選購

保存方式

紅茶的保存方式

是什麼原因造成紅茶變質？珍貴的高級紅茶又應該如何保存呢？接下來，將分析各種常見保存方法的優缺點，其實找到技巧，也可以設計出一套屬於自己的保存方式。

影響紅茶收藏因素

紅茶在保存過程中，有可能會發生含水量提高、滋味變淡、香氣變陳、色澤變暗等情形，保存不良的茶葉，容易發生質變，了解影響紅茶收藏的因素，才能設計出良好的保存方式，延長紅茶的賞味期限。

日光

茶葉忌光，茶葉的成分容易與光產生化學反應，因此即使是弱光，都可能使造成茶葉快速劣變。因此，用玻璃罐裝乾茶固然美觀，卻是不及格的保存方式。因此，通常茶葉在包裝時通常會避免透光的材質，或加上不透光的外包裝。

氧氣

氧氣幾乎能與任何物質產生作用，是一種很活潑的氣體，與氧接觸的物質，電子容易被搶走，因此發生氧化。大氣中含五分之一的氧，為避免氧氣帶來的影響，茶葉儲藏要儘量避免與空氣接觸，選擇透氣性低或無氧包裝是常見的包裝方式。

水

乾茶具有很強的吸溼性，水氣會讓茶葉受潮、也會加速氧化作用。水氣的來源主要來自空氣中的相對溼度，台灣海島型氣候溼度常在75～90%之間，與日本、歐洲溼度高出甚多，保存方式也要更嚴謹；而溫度落差大的保存環境，也容易形成水氣；但如果包裝前乾茶已吸收了一些溼氣，這

樣即使事後再完備的保存，都難以避免水氣造成的影響，一般乾茶溼度以3～5%為最佳。

☕ 溫度

溫度愈高，茶葉氧化作用愈快，即使比起其它類型如綠茶、白茶等，紅茶是較容易保存的，在正常室溫保存一至兩年通常不會有太大問題。對於大吉嶺春茶等相對容易氧化的作品，若有特殊用途需要長時間保存，例如不同年分比評，這時可以比照綠茶保存法，將茶葉密封置於0~10℃左右，以達保鮮效果。

☕ 異味

乾茶有良好的吸附性，利用吸附效果，可以製成薰香茶，但相對地，若空氣中有肉味、樟腦、煙味等，或用沾有化妝品的手取茶，這些氣味很快就會沾染至茶葉上。

常見的保存方法

適當的包裝除了增加美觀性，同時可以增加茶葉的貯藏壽命，以下介紹常見的保存方法與特色，以及如何搭配使用。

☕ 袋式包裝

袋式包裝的特色在於成本低，但容易因外力壓損而保護效果差，常做為紅茶的內包裝。選用時應注意材質特性，與其它包材搭配使用。

	特性	附註
紙袋	常用牛皮紙為原料，但通透性佳、保鮮效果差，不適合存放。	無法做為包裝單一材料，通常輔以罐式包裝。
高分子塑料袋	選用塑料袋必須注意材料的透氣、透光性。常見的PE袋雖然便宜，但透氣、透光性強，不適合久放。	
鋁箔積層袋	密封性佳、不透光。可以有效阻絕空氣與濕氣，材料取得容易、價格便宜。	可以輔以真空等包裝技術，或脫氧劑等添加物。

選購要點

選購目的

作品履歷

個人偏好

現場選購

保存方式

罐式包裝

罐式包裝能防止外力壓損，常做為紅茶外包裝。選用時應注意罐內是否有異味，以及是否與其它包材搭配使用。

	特性	附註
紙罐	印刷美觀，但保鮮效果差，不宜單獨使用。	通常輔以鋁箔積層袋做為內裝。
玻璃罐&瓷罐	● 適合陳列、展示用，但無法阻光，取得陳成本較高且易碎。 ● 若選用不透光的瓷罐，需注意密閉度是否良好。	1. 玻璃罐不宜存放。 2. 瓷罐多先輔以牛皮紙，並置入適量竹炭吸濕。
金屬罐	能遮光、阻氣、防水，重複使用率高，是較普遍的包裝材料。	有時輔以內袋以防止低品質金屬罐鏽蝕或掉漆。

包裝技術

包裝技術中夾鏈袋的選用是較常見的做法，而真空或真空充氮則需機器配合，通常會於選購茶葉時看見，家庭式的存放則較少使用。

	特性	附註
夾鏈	茶葉使用夾鏈的設計，可以方便使用者開封後的取用與收藏。	方便購買者且成本低。
真空	1. 使用真空包裝機，能抽出袋內大部分空氣後封口。 2. 若真空的力量過強，可能影響外觀完整性。	真空包材必須是密封性良好的材質，例如鋁箔積層袋等。
充氮	將袋內空氣抽出補以氮氣的做法，較真空效果略佳，但機器成本高。	注意包材強度、韌性，避免無法承受壓力造成包材破裂、漏氣。
脫氧劑	脫氧劑內部為性氧化鐵，能與袋內氧氣反應並消耗其濃度，達到類似真空效果。	包材必須是密封性良好的材質，同時封口必須緊密。

☕存放位置

對一般消費者而言，紅茶保存若在常溫室內，只要有良好包材保護，與上述的保存觀念，通常可以保存超過一年。使用防潮箱可以杜絕雨季或潮溼帶來的影響，室溫下適度的微氧化作用，可使紅茶醇化順口，不完全是壞處，而冷藏可以阻礙氧化作用，達到長時間保鮮效果，是否需使用冰箱冷藏，則視目的而定。

	特性	附註
常溫室內	茶葉拆封後，天候狀況對於茶葉的保存狀況影響很大，相對於台灣，溫度、濕度相對較低的歐洲國家或日本，保鮮時間較久。	要輔以妥善的包材保護。
防潮箱	可以調控濕度，防潮效果佳，但成本高，通常相對濕度設定在40%以下。	防潮箱的效能依個人使用狀況而選購。
冰箱	可以調控溫度、濕度，保鮮效果佳，但成本高。貯藏效果與溫度成反比，溫度設定通常在0～10度。	1. 放入冰箱時，需確認密封。 2. 從冰箱取出時，務必待其回到室溫後再開封。

選購要點

選購目的

作品履歷

個人偏好

現場選購

保存方式

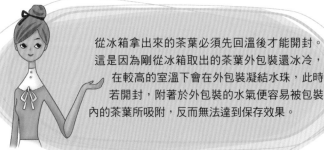

從冰箱拿出來的茶葉必須先回溫後才能開封。這是因為剛從冰箱取出的茶葉外包裝還冰冷，在較高的室溫下會在外包裝凝結水珠，此時若開封，附著於外包裝的水氣便容易被包裝內的茶葉所吸附，反而無法達到保存效果。

∫INFO∫ 使用茶葉專屬木箱置茶，合適嗎？

木箱因為氣密度不佳，絕不是存放的長久之計。如果看到使用木箱存放茶葉的店家，通常是：

1.溫度與相對溼度低的國家（或地區）；2.產地等流通性大的國家（或地區）因為經過煙燻後的木箱，溼度低也具抗水性，同時四體狀的大包裝，減少空氣接觸的表現積。取茶的做法通常會在木箱底部開洞，使茶葉順勢而下，這樣也可以確保空氣接觸的表面僅於最上層。這些原因之下，使木箱能暫時成為存放茶葉的容器。

─── 第五篇 ───
如何沖泡
好喝的紅茶

沖泡一杯好喝的紅茶，需要先準備茶具、了
解水的特性、並且掌握沖泡技巧，本篇從這
三要素著手同時介紹基本的沖泡方式，讀者
可以利用基礎泡法沖出一杯有水準的紅茶，
或者，再進一步參照沖茶要素的介紹微調，
設計一套屬於自己的沖泡公式。

本篇教你

🍃 認識紅茶沖泡器具

🍃 學會選水技巧

🍃 學會沖泡技巧

🍃 學會紅茶基礎沖泡

紅茶沖泡器具

合適的茶器，讓沖泡紅茶的每個動作更標準、過程更優雅，做為輔助紅茶沖泡的茶具，其實也可以是主角，白底的紅茶杯盛起剔透的紅茶，更能襯托茶湯原色，經過設計師巧手的工藝作品，為午茶增添美麗色彩。以下就來介紹下午茶會中的重要器具。

🍵 茶壺

瓷壺是常見的紅茶茶具，以瓷為材質的紅茶壺，能詮釋紅茶輕揚、高頻的香氣。紅茶壺的選用要點在於，要有足夠空間容納茶葉伸展開後的體積，特別是枝葉完整的作品。當熱水注入茶壺後，紅茶會在壺水中上下浮沈舞動，為作品帶來好的風味，因此茶壺常製成較矮而渾圓的形狀。而標榜添加骨粉的瓷壺，能增加硬度，不易破損或刮傷留下茶垢。

INFO 如何選購骨瓷茶具？

骨瓷的價格差異性大，若略過品牌設計因素，主要的差異在於骨粉添加的比例。骨瓷可以從聲音與透光性辨別，骨粉比例愈高，輕敲瓷器的音頻愈高，在燈光底下的透光性愈強。新手選購時可以先找一只合格的骨瓷器，比較音頻與透光性便能快速找到好作品。

紅茶杯

標準的紅茶杯容量約200毫升，通常以瓷器製成。紅茶杯的置茶量約是杯容量的三分之二（133毫升），如此，飲用者才有足夠空間加入鮮乳，也讓使用者指摘取杯時不會過重，能更優雅地品嘗紅茶。而茶杯的形狀，若是在杯口外張沒有向內縮的茶杯，適合飲用香氣較強烈的作品，像是花香、薰香茶等調和之作；杯口略向內縮似葡萄酒杯狀設計的紅茶杯，則能避免珍貴香氣失散，飲用時更集中於鼻子周圍，使單品紅茶在飲用時香氣更顯著。

杯口內縮

杯口外張

茶匙

取乾茶時用的茶匙，除了衛生美觀外，能避免雙手觸碰到乾茶，將手中溼氣、異味沾染於茶葉。茶匙也可以當成茶量取用單位，一茶匙約能取2~2.5克FTGFOP1等級紅茶。但茶匙能取出的量隨乾茶大小而有變化，若乾茶較大，取用量會略微減少，愈細碎，取用量也會略增。若要以茶匙替代秤重計，最好事前先精量過單位茶匙能取茶重。

濾匙&碟子

功能如同濾網，紅茶從壺倒入杯中時，能過濾順勢從壺嘴流出的茶葉。

沙漏（計時器）

煮水時需要計時，沖泡紅茶時亦需要計時。沙漏是兼具美感的計時器，3分鐘沙漏是理想的，但若更講究些，數位式的計時器會更精準。

保溫罩

用來保溫紅茶，又稱茶帽。紅茶沖泡未必會馬上飲用完，或為求方便，常會將茶先倒入另一茶壺，待客人需要時再為其倒入杯中，這時使用保溫罩，能延長熱度與賞味時間；沖泡時使用保溫罩，可以避免壺內熱量流失，如果室內有冷氣或風扇，保溫罩的保溫效果則更明顯。

奶盅瓶

任何紅茶皆可以調製成奶茶，只是比例上的不同。品嘗時通常小啜一口沖好的紅茶原味，再緩緩倒入未經加溫的冰紅茶，選用低溫殺菌的鮮乳能為紅茶增添風味，這種做法甚為方便。另外也有人會將鮮乳先倒入杯中再加入熱茶，使鮮乳不致因為被熱紅茶加溫而改變風味。

🍃糖罐

紅茶與糖是極為融洽的搭配,茶置入杯後,通常先啜飲一口原味紅茶,再決定是否加糖,若有需要,則逐量添入直至味道勻潤。糖的選用以方糖、砂糖等蔗糖製品最常見。大體而言,顏色愈深如黑糖、紅糖純度愈低,甜分以外的養分、味道愈多,甜度高,需注意茶與糖是否口味搭配得宜;顏色愈淺如方糖、等砂等,純度愈高,除了甜味以外,其它的味道較少,甜度弱,能在不破壞食材本色下調和口感。而常見的咖啡冰糖,則是利用製糖最後剩下的焦糖,將白冰糖染成咖啡色,具焦糖香,使用時如搭配得宜,能為紅茶增添一層風味。

🍃茶點

紅茶時間常會佐以下午茶點,茶點的取用順序取決於味道,應由淡而重,由鹹而甜。三層點心盤是常見的方式,食用時應由下而上。首先,燻鮭魚、燻雞三明治、小黃瓜切片等能刺激味蕾的鹹食置於最下方;接著,中層常見口味中性的司康、手工餅乾,或偏甜味的松餅;而甜味綿密的水果蛋糕或巧克力等,會放在最後食用的最上層。

選 水

紅茶靠水沖出內容物，茶的精華與風土滋味也需靠水來詮釋。水質的好壞，影響了紅茶的香氣與口感。若不談沖茶，味覺稍敏銳的人，單純喝水也能嚐出差異。

水選得好，能為紅茶加分，若選不好，則糟蹋了一壺好茶。以下從水的軟硬度、含氧量、水分子大小逐一分析選水對紅茶滋味的影響。

🍃 軟硬度

水質軟硬度是依據水中固體溶解總量而言，硬水含有較高的溶解量，其中鈣、鎂的含量是主要造成硬水的原因。紅茶沖泡過程中，這些物質會與茶浸出物產生作用，影響紅茶滋味。通常自來水硬度標準會控制礦物質在每公升含量300mg（ppm）以下（以CaCO3為總硬度測量基準），而山泉水或市售礦泉水總礦物質有些可以達到20mg（ppm）以下。以較軟的水質沖泡紅茶，滋味較強、香氣較高、茶湯水色較淡而清澈；反之，較硬的水則能沖出滋味較弱、香氣較低、茶湯水色較深有可能帶濁度的紅茶。在硬水軟化的方法上，最常見的為煮沸法，當硬水煮沸，鈣鎂離子形成白色水垢沉澱後，水質因而軟化的水稱為暫時性硬水，反之，則稱為永久性硬水。

紅茶的沖泡上，利用水質軟硬程度不同的特性，能搭配不同類型的紅茶：

水質硬度	軟水	中硬水	硬水	極軟水
mg/L	0～60	60～120	120～180	181以上
特色	軟水沖泡後，紅茶作品的個性將更鮮明。	中硬水能修飾紅茶帶有的刺激口感。	硬水能減少紅茶部分澀感、香氣與滋味。	刺激感、香氣與滋味明顯降低。
適合沖泡	1.口味較清淡的紅茶滋味更明顯。 2.香氣強烈的作品得到進一步的升級。以茶性清雅的大吉嶺茶為例，軟水能讓香氣與滋味更突出。	新茶或春茶等，個人口感上容易感到刺激的作品。	澀味或滋味略強的作品，使之較為順口。	1.滋味濃強或刺激性太高，不易入口的作品，使滋味變得醇和。 2.薰香、花茶等，香氣由銳利轉為親和。

INFO 硬水軟化

過硬的水會使紅茶失去風味，但適量的礦物質卻能增加風味。一般而言，硬度約40〜80mg/L的水，最常用於泡茶。而硬水軟化的方法除了煮沸法外，可以利用市售淨水器，其中最常見的有離子交換樹脂、逆滲透、蒸餾與活性碳方法等。但水中微量的礦物質，能補充人體所需，百分之百的純水，未必最具飲用價值。

含氧量

含氧量高的水即使直接飲用，也會使口腔有種綿密帶甜味的口感；而使用含氧量高的水沖茶，能使茶葉在壺中上下浮沈舞動，充分釋出滋味，是沖好紅茶的關鍵。

使用新鮮活水

流動的活水含有較高氧氣挹注，因此沖泡紅茶時，最好能取用現場剛從水龍頭接下的水，避免使用靜置一段時間的水。

避免重複煮沸

熱水約在90度以上開始變成水蒸氣，含氧量亦開始降低，過分或重複煮沸的水其實不適合沖泡紅茶。而煮水時，注入燒水壺內的水量最好能在1公升以上，以增加溶氧量。

提高注水高度

接取自來水時增加高地落差，讓氧氣有機會摻混入水中；或是在沖茶時提高水壺，也有助於含氧量，可以使用出水量均勻的細口壺。著名的印度拉茶在沖泡時，沖泡者會將熱茶由高處快速傾瀉，注入另一只茶杯中，這個看似表演的動作，除了能為熱茶降溫外，也能藉由這個混入空氣的動作，增加綿密口感。

加氧設備

市面上一些具有加氧功能的飲水設備，如臭氧產生機，能有效提升水中含氧量，除了殺菌的功能外，臭氧會在水中形成氧溶於水中，這是最方便的方法。

水分子大小

無論雨水、湖水、自來水，通常是由10個以上的水分子構成的水分子團，通常組成水分子團的數量愈少，水分子團也愈小，小分子團水具有較高的滲透力，能夠將茶葉中的滋味與養分溶解出來，不同地方水分子團結合的數量也不一。一些茶饕，為沖好茶而不遠千里尋水的事蹟，便是這一類情況。

INFO 自來水中的氯氣

氯不是水應該有的味道，但自來水處理的過程中，添加能具消毒功能的氯，使自來水難免帶有氯氣味道。太重的氯氣會降低紅茶風味，可以將自來水靜置於無蓋容器中一天待氯氣散去，或市面上淨水設備大多有去除氯氣的功效。

紅茶沖泡技巧

利用沖泡技巧，可以調整紅茶浸出物的溶解量與濃度，同樣的茶，使用不同的方法沖泡，會呈現出完全不同的特色。現在我們就來解構茶水比、水溫、沖泡時間帶來的影響。

🍃茶水比

茶水比包含使用茶葉的克數與注入的水量。茶量決定沖泡這杯（壺）紅茶，我們會獲取多少養分，而水量是則是調整茶湯入口時理想的濃度。以瓷壺沖泡原味紅茶時，大體而言，3～5克的茶葉，需要300～400cc.熱水。在這裡，一個電子秤與有刻度的量杯是必要的，使用茶匙可以大概判定茶的取用量，但不同類型紅茶大小相異，一茶匙能取的量也有落差，特別是沖泡個人或兩人份的紅茶，精確度的影響會稍大一些，而量杯則能幫助在沖茶前，量出茶壺理想水位高度。如果是在聚會上，茶水比宜濃不宜淡，因為過濃的茶可以加水稀釋，但過淡就無法再加茶沖泡了。

🍃水溫

泡茶時，水溫愈高溶解力愈強，溶解速度愈快，杯中紅茶的味道，正取決於熱水中溶解了哪些物質、多少量。大部分的紅茶，講求以滾水能將香氣與滋味沖出，但也有不同水溫的泡法。一只溫度計是新手或研究沖泡時不能少的工具，煮水時可以對照水溫與水面氣泡的變化，或提示降溫狀況。但需注意幾個造成水溫誤差的情形：熱水注入茶壺中時熱氣會外溢，以細口壺拉高注水高度，也略有降溫效果；茶壺本身會吸收熱氣，如果要精細達到水溫要求，可以先溫壺；另外，如果室內若有冷氣或風扇，加上保溫罩減少干擾是更理想的做法。這些因素影響下，若以六人份的瓷壺做實驗，在不溫壺的情況下注水入滾水，實際水溫僅約90度。

▲溫度不夠

▲溫度適中

▲溫度過熱

☕ 1. 以滾水沖茶時

滾水沖出的紅茶較香且滋味完整,因為高溫水能溶解香氣物質,香氣分子在高溫下也較活潑,而紅茶中茶多酚的澀感,與咖啡鹼的苦韻,都需要足夠的水溫才能釋出,通常90℃以上的高溫,能幫助咖啡鹼快速溶解,咖啡鹼同時也能帶來鮮爽的口感,因此,一般紅茶會講求使用高溫熱水沖泡。另外,熱水沖泡還可以造成對流效果,幫助茶葉能在壺中上下浮沈,沖出紅茶滋味;若水溫不夠,浮沈的次數和效果就會減少。

☕ 2. 以熱水沖茶時

用70～90度的熱水沖泡紅茶,可以減少茶多酚與咖啡鹼的釋出,有效降低澀感與苦韻。印度大吉嶺(Darjeeling)、斯里蘭卡努瓦拉埃利亞(Nuwara Eliya)與烏瓦(Uva)等地,有些作品澀味較明顯,如以高溫沖泡,容易產生過強的澀味,試著用較低的水溫,雖然香氣和滋味也會不如滾水沖出來的濃強,但能沖出更順喉的紅茶。另外嫩芽含量多的作品較嬌嫩,可以降低水溫或先注入熱水後再置茶,也可以取消溫壺,讓熱量自然被壺吸收,達到降溫效果。

∫INFO╷ 什麼是冷後渾(Cream-Down)?

較細碎的原味茶,或以CTC製程做出的作品,經熱水沖泡,若經一定時間的燜泡,靜置後茶湯容易產生白濁,這種現象稱為冷後渾(Cream-Down)。這是因為紅茶中的單寧酸與咖啡鹼結合遇冷凝固的結果,可以減少單寧酸對身體的刺激性,但茶味會變苦,常發生於單寧酸含量多的作品,是自然現象。降低水溫、拿掉壺蓋或減少沖泡時間可以改善,但也會影響風味。

沖泡時間

紅茶的沖泡時間直接影響浸出物質的多寡，高溫下茶多酚的浸出量隨沖泡時間增加，茶湯中具甘味的氨基酸也與沖泡時間成正比。但人體的感官對苦澀等刺激較為敏感，利用拉長沖泡時間得到的甘甜味，可能會被苦澀味蓋過，沖泡時間會因作品變差異而做調整，為能順利掌握時間，電子式計時器是很好的輔助工具。

一般而言，若以瓷壺沖泡，其沖泡時間約在2.5～4.5分鐘左右，觀察乾茶我們可以做出時間上的微調，乾茶常見的差異包括：

	溶解較慢	沖泡時間	溶解較快	
熟	←	茶菁嫩度	→	嫩
整	←	茶葉碎整	→	碎
緊	←	乾茶緊結	→	鬆
重	←	昆蟲叮咬	→	輕
少	←	茶質多寡	→	多

INFO 自己也能設計沖泡參數

有了茶水比、水溫、沖泡時間的概念後，自己也可以嘗試做出有趣的實驗。例如：

1. 沖泡澀味明顯的大吉嶺春摘（Darjeeling 1st Flush）或錫蘭努瓦拉埃利亞（Nuwara Eliya），可以試著以滾水沖泡40～60秒，讓澀味尚未融溶在茶湯，而熱水已釋放出高香，使得紅茶充滿另類的清爽風味。

2. 沖泡大吉嶺春摘（Darjeeling 1st Flush）或錫蘭烏瓦（Uva）時，可以試者拉長沖泡時間至4.5～5分鐘，讓紅茶滋味能完整釋出，降低茶水比用較多的水，稀釋至我們喜歡的濃度。這樣紅茶即使淡薄，但該有的澀甘口感依然充滿刺激。

3. 由於人體的感官對苦澀等刺激較為敏感，甘甜味有時會被苦澀味蓋過，試著將分級紅茶回沖數次，茶質物質稀數被溶出的茶葉，已經沒有滋味，但久泡下氨基酸還是不斷穩定地被釋出，因而有甘甜感。或者用少許的茶加上大量的水，配合較長的沖泡時間，讓原本無趣的開水產生甘味。

掌握諸如此類的沖泡變化，能使紅茶沖泡更添趣味。

基礎沖泡法

準備好沖泡茶具,也了解沖泡技巧與選水要領後,該是實際沖杯紅茶來嘗嘗的時候了。基礎沖泡方法中,我們選用比較常見的沖泡參數,當大家熟悉後,便能再進一步對照本章前述的水泡技巧做微調,讓沖泡紅茶變得更有趣。

用茶壺沖泡原味紅茶

原味紅茶沖泡方法並不難,只要掌握紅茶沖泡的關鍵步驟,順著基礎紅茶的方法和概念,即可簡單沖出水準之作。當熟練了基礎沖泡方法後,再嘗試設計不同的沖泡參數,你會發現原味紅茶的美味是多變而有層次的。

1 加熱茶壺

將熱水注入預備沖茶的壺中,蓋上壺蓋靜置10~20秒(視壺大小做調整)。因為高溫的水能幫助香氣與滋味釋放,沖泡紅茶時,如果壺仍是冷的,注入的熱水會因熱量被壺吸收而使溫度略降。

2 置入茶葉

用茶匙將一人份3克左右的茶置入壺中。

3 注入熱水

將360cc.，95℃以上之熱水注入壺中。注水時可以適度將水壺注水口抬高，利用高度差的衝擊增加水中含氧量，此時，茶葉在壺中已開始浮沈跳躍。

4 燜泡紅茶

注入熱水、蓋上壺蓋後，套上保溫罩，開始計時燜泡。時間的掌握與茶葉的完整度相關，CTC製程下的顆粒狀紅茶、或是BOP等較細碎的茶葉，燜泡時間約在1～2分鐘；而較完整的條狀茶則需2～4分鐘。

5 攪拌茶湯

燜泡結束後，打開壺蓋，使用攪拌棒或長匙輕輕攪伴，使茶湯濃淡均勻混合。

6 濾茶入杯

使用濾網或濾茶器，將壺中紅茶倒入杯中。倒茶時一定要將壺中的茶完全倒出，若要回沖時才不致影響風味，同時愈是底部的茶，萃取了愈多紅茶的養分，壺中的最後一滴，又被英國人稱的黃金滴（golden drop），在午茶聚會中，通常會將黃金滴保留給會中最有分量或地位的人，其珍貴性可見一斑。

壺中的最後一滴，又被英國人稱的黃金滴，在午茶聚會中，通常會將黃金滴保留給會中最有分量或地位的人。

🍃用茶杯沖泡紅茶茶包

茶包是訴求方便性的沖泡方式，但
是只要掌握幾個小技巧，一樣可以
沖出好滋味。

1　注水入杯
在茶包未置入茶
杯前，先注入熱水。此
一步驟在於，避免茶包
在熱水衝擊下，可能釋
出的纖維素，茶味也較
不易苦澀。

2　置入茶包
接著，將茶包置
入熱水杯中。通常茶包
都會被設計在單人使用
量之下，也就是約能
沖泡200～300cc的紅
茶。

3 等待浸泡

　　茶包置入杯後，僅需1至2分鐘，紅茶的滋味很快會被萃取出來。可從茶湯的顏色拿捏浸泡時間，個人濃淡喜好調整，喜歡濃茶也可以在杯上加蓋，燜過的紅茶較濃，茶味較明顯。

4 取出茶包

　　因配方不同，有些茶包久浸會過於濃苦。但不管什麼樣的茶包，皆不建議久泡，適時將茶包取出，才能確保最佳風味。取出茶包的同時，為避免茶湯變苦，應避免用茶匙擠壓茶包。

INFO 不同類型的茶包

扁平式茶包：

最常見的到茶包類型，輕巧方便攜帶，紙包帶有無數小而密的細孔，在茶水混合的同時，能有效過濾碎茶與茶末。片茶（Fanning）、茶末（Dust）、與CTC法製成的紅茶，是常見的材料。

立體式茶包：

金字塔型的立體茶包，讓茶葉有足夠空間舒展開，同時因受水面積提高，能夠幫助茶質釋出，是近年來極流行的茶包類型。碎紅茶（Broken）是立體茶包中常用的等級。

茶包的誕生

20世紀初，紐約的茶商湯瑪士・蘇利文（Thomas Sullivan），為了推廣他的商品，將散茶置入絲製小袋裡寄送給顧客試喝，收到試喝包的人，沒能理解說明書上使用方法，一股腦兒把這些絲包整個往熱水裡丟，經過不同年代多次的改良，於是茶包就這樣意外地誕生了。據統計，英國人每天要喝掉1億3000萬杯茶包泡的茶，茶包的發明，讓茶變得普及。

紅茶收藏品

葡萄牙凱薩琳公主攜帶紅茶做為遠嫁給英國查理二世的嫁妝，讓原本不識紅茶滋味的英國宮廷吹起一陣品飲紅茶風，從宮廷至貴族，再擴大為市井小民，紅茶一步步地走近英國人的生活，最後轉化為文化的一部分。英國熱愛紅茶的程度，可從生活遺跡中看出，紅茶是如何地與他們的生活緊密相連。

🍃 帶鎖茶葉盒

年代：1810年～1820年

早期由於茶葉的價格昂貴，飲茶是專屬於貴族的奢華享受，喝茶更是財富與權力的象徵，茶葉盒更被當成彰顯富貴的奢華收藏品，為了凸顯茶葉的珍貴，通常會將其上鎖，此外茶葉盒的設計也代表收藏者的品味，具有古典藝術氣息的茶葉盒更成為貴族們間的時尚話題。

🍃 紳士杯
年代：1920年～1930年
自維多利亞時代以來，飲茶成為全民運動，不論男女老少皆喜愛飲茶，當時的紳士們都蓄著小鬍子，為了方便飲茶時不讓茶水沾染到鬍鬚上因而特別製作的鬍鬚杯，如今已變成收藏家們不可缺少的特別典藏。

🍃 握柄花杯
年代：1920年～1930年
早期只有貴族才能享有的優閒飲茶生活，在維多利亞時代由於茶產業、瓷器產業的蓬勃發展，在此時更成為全民共通的生活型態，對於喜愛花草自然景物的英國人們來說，在瓷器上加上花草景致都是受到歡迎的設計風格。這一款握柄杯將花卉形狀直接鑲在握柄上的絕妙創意，更是完全展現英國庭園風情代表作。

Same size of Leaf Tea

第六篇

品賞紅茶

Tea tasting原本是專業人士用於鑑定審查茶品質的專業用語，近幾年來。由於品賞紅茶風氣興盛，許多紅茶愛好者也開始參考專業Tea tasting的方法，在多采多姿的紅茶世界裡，了解自己手邊的紅茶品質與特性，品賞紅茶儼然成為日常生活中一項時髦的興趣。

本篇教你

- 一探專業茶師的品茶世界
- 愉快居家品嚐紅茶的方法
- 記憶各種紅茶特性的訣竅
- 調製獨一無二專屬自己的特調紅茶

如何品味紅茶

品味紅茶時，主要是賞湯色、聞香氣、賞茶味。紅茶因生長環境不同，受風土條件和製程技術影響，而有不同的風味，一般在品味紅茶時，依照目的不同，而有不同的品味方式。專業的品茶師為了全然掌握紅茶特性，必須將紅茶所有滋味泡出，方便評鑑其表現，則有一套標準的專業品鑑方式。而一般的居家品茶，則可輕鬆地品味，也不需按照專業流程，即可愉悅地在家品賞紅茶。

🍂 認識專業品茶師的品茶原則

同樣是紅茶，不過受產地、天氣、品種、等級……等各種因素影響，不同產區的紅茶會有極大的差異，所以在專業品比審查中，是很少將不同產區的紅茶共同評比。例如，香蕉與蘋果同樣是水果，卻不能拿來一起相較香甜程度。雖然我們也都了解香蕉與蘋果滋味同樣香甜，卻是完全不同的香甜滋味，也無法一同比較論其長短。紅茶亦然；因此專業茶師很少將不同的茶品並列共同評比。

所以，專業品茶師所做的品茶鑑定通常為「比較審查」，再依據評比茶品的目的不同，加以選擇茶品，例如：評比大吉嶺產區紅茶時，會全部使用大吉嶺茶評比；評比錫蘭高地茶時，會選擇同樣屬於錫蘭高地茶的努瓦拉埃利亞、汀布拉共同比較。當評比茶品的條件範圍愈小，則評比結果愈細緻。

專業評茶時，會隨著不同目的而改變評比項目，不過，要注意的是，不論要評比哪一種項目，紅茶的「等級」條件一律要相同，這樣才能使用同樣的沖泡方法，達到公平評比的目的。

❦專業品茶師的品茶方式

在業界，專業品茶師品茶時，最常見的評比方式有兩種，分別是一、一般式比較審查，二、英國奶茶式審查。一般式比較審查通用於所有茶品評比，而英國奶茶式審查則會用於較適合以奶茶享用的茶品。

🍃1.一般式比較審查

專業的品茶師在做比較審查時，會評比的內容有湯色表現、滋味、香氣等，而茶葉在沖泡前的湯前香和沖泡後的茶葉也是品鑑時的重點之一。以下說明，審查時的評比操作：

1 並列評比茶葉

首先，觀察茶葉尚未沖泡前的乾茶狀態，觀察的重點為茶葉是否經過篩選，大小是否一致，形狀規格是否統一，是否帶著新鮮香氣……等，是乾茶最重要的評比重點。將所有待評比茶品茶葉並列於大型的平盆後，以乾淨的手觸摸，感受其質感，例如：茶葉大小是否均勻、是否乾爽、茶葉香氣是否新鮮……等。

2 欣賞湯色

當做完乾茶的評比後，接著，將需評比的茶葉以專業的品鑑杯（參見P157）泡開後，先欣賞茶湯色。評比時，欣賞品鑑杯中茶湯水色的透明度及色調。專業品茶會依據茶湯在透明度及色調的表現上依標準評分。

3 品賞滋味

評完湯色後，接著，即可品賞茶湯的滋味表現。這時，品茶師會以右手拿着大型的湯匙，舀取茶湯靠近嘴巴，在此瞬間以吸取的形式將茶湯與大量空氣一同吸進嘴裡，感受茶湯的苦澀、甘甜、濃淡……等滋味。

4 欣賞香氣

接著，將茶湯停留在口腔2秒左右，在茶湯停留於口中時，由鼻腔向外呼一口氣感受茶水的香氣，是花香還是甘甜果香……等，然後將茶水吐出。藉由空氣以放射狀地進入口中的茶湯，能夠迅速將茶湯送到每一個味蕾，除了容易品嘗茶水滋味之外，對於評價茶水香氣更是相當有幫助。

INFO 為什麼要將茶水吐出？

專業品茶師經常同時評比許多茶品，為了避免腸胃負擔與因為飽足感而產生味覺上的偏差，所以品茶時，會將茶水吐出。

5　欣賞泡開的茶葉

最後，欣賞已泡開的茶葉，比較其於乾燥時的茶葉之色澤、大小……等，最後評價已泡開的葉底香，一般來說，已泡開的葉底香氣比起茶湯香味更加濃郁，所以，品評茶殼香也是很重要的項目之一。

2.英國奶茶式審查

在為以奶茶為主要飲用方式的消費市場而進行的評比茶品項目中，除了上述的品評方式之外，還會多加一道奶茶的評比手續，其方法是在茶湯中加入等量的同一品牌奶粉，藉以評價茶湯與牛奶的調和度，加入奶粉後、茶湯的強度是否被牛奶稀釋而失去滋味等，藉以挑選出沖泡奶茶也美味的茶品。

使用同一品牌奶粉、而不使用新鮮鮮奶來評比的原因是，新鮮鮮奶會因為乳牛的身體狀態、天氣冷熱、飼養方式而產生變化，經過調合的品牌奶粉則可以避免這些不定的因素，將評比時的主要滋味專注於茶湯上，因此，在專業品比時通常選用品質安定的品牌奶粉。

認識專業審查用語

在專業評茶審查中、雖然品茶師們都受過良好訓練，也有一定的經驗，不過為了容易傳達及避免文字或語言上的誤解，所以也有專業的審查用語，提供評鑑時的共通語言。

以下，選了幾種大家都能理解，也可以方便使用的專業用語做介紹：

常用品茶專業用語	
Pungent	有力道的爽朗澀味
Aroma	豐富的香氣
Character	特徵完全地被表現出來
Muscatel	麝香
Malay	柔和的厚實甜味

⚜ 正確沖泡品評用紅茶

在品評紅茶時，為了將紅茶的特性表現出來，包含澀味、苦味等，會使用固定且統一的茶具，以一定的標準去沖泡品評用紅茶，跟單純沖泡美味紅茶時，會隨著個人喜好去調整沖泡方法比較起來，是很不一樣的專業沖泡方法喔。

🍃 認識評鑑杯具

為了方便品茶而設計的評鑑茶組，適用與許多茶品的評鑑上例如烏龍茶、紅茶等，規格大致相同，杯身容量多為150cc，在評比時無須測量水量，沖滿即為150cc，可以快速地同時沖泡大量品比茶品，並建立統一品鑑標準。

為了便於觀察茶色，以使用純白無花色的品鑑茶具為佳。

含蓋評鑑沖泡杯

評鑑茶碗

🍃 評鑑杯的沖泡方法

專業評茶時，會統一使用評鑑杯沖泡紅茶，以統一的規格和沖泡方式，在變因相同的情況下，將紅茶的特性表現出來，以便後續可以公平地品評。

1 溫熱沖泡杯及茶碗
溫熱沖泡杯及茶碗可以將茶的香氣更快速地帶出來。

2 加入3公克茶葉
在沖泡杯中統一添加需評比的茶葉3公克。

3 加入150cc熱開水後加蓋

在沖泡杯中注入熱開水至滿水位,即是統一的150cc容量。

4 計時3分鐘

為了可以充分地將茶的風味泡出,統一以3分鐘為沖泡時間。

5 將沖泡杯跨架在茶碗上

3分鐘後,將沖泡杯跨架在茶碗上。由於評比時通常都是同時品評許多茶品,無法慢慢將每一杯茶倒完,所以將沖泡杯跨架在茶碗上,這也是評比時會使用評鑑杯組而不使用一般茶具來做評比的原因之一。

為避免被蒸氣燙傷,透氣孔要保持向上。

6 滴乾茶湯

最後,當所有的沖泡杯都跨架在茶碗上,並等茶湯倒得差不多後,即可以雙手拿取並緊壓沖泡杯蓋,讓茶湯完全滴乾。

7 完成

將完全倒出茶湯的沖泡杯放在桌上,讓評鑑茶碗呈現茶湯,即完成沖泡。

❧居家品嘗紅茶方法

一般人為了興趣、嗜好而進行的居家品茶，雖然沒有這麼多的限制，不過如果可以參考專業評比茶品的大原則來品茶，相信一定更有效率，也能增添更多品茗樂趣。

🍃賞湯色

居家賞湯色時，器具最好也能使用評鑑杯，如果沒有評鑑茶具、在品茶湯時選用純白色的杯子較能看清楚茶湯色澤，會是比較推薦的選擇。

如何品味紅茶

記憶茶的特質

進階玩調茶

1 並排品賞茶湯
將品賞的各式茶湯並排。

2 注意各茶湯的水平線是否相同

賞湯色時，需注意茶湯的水平線也就是水量多寡是否一致，如果茶湯水平線不一致會影響茶色的濃淡及透明度，必須特別注意。

⌐INFO⌐ 注意燈光影響茶湯顏色

居家賞茶湯時，場地最好選在有明亮大窗戶的建築物裡，利用自然陽光及日光燈具照明來欣賞自然的茶湯色澤，才不至於產生顏色上的偏誤。若在黃光下賞茶湯，顏色較容易偏黃偏暗，無法看到正確的色澤。

▶在自然陽光及日光燈的色澤呈現

◀在黃光下的色澤呈現

聞香氣

甜香、草香、果香……，香氣是在還沒飲用茶品之前，觸動味覺的第一道
引線，一杯好的紅茶，茶香是僅次於口感的重要指標，帶著農作物特有清
新芬芳的紅茶香氣更是好茶的代表。

1 賞湯前香

在沖泡茶湯前的溫壺階段，
在溫好壺之後將茶葉放入沖泡杯中
時，可以加蓋輕輕搖晃一下沖泡杯
身，然後打開蓋子品賞茶葉經過杯
身溫度所散發出的香氣，我們稱為
湯前香。比較起來湯前香比乾燥茶
葉味道濃，又比已沖泡過的葉底香
氣淡，適中的味道通常都透著清新
的香氣，是品賞香氣時很受喜愛的
品賞方式。

2 賞葉底香

沖泡過的茶葉稱為葉底，
此一步驟為欣賞稱泡過後的葉底
香氣。

3 品賞茶湯香

端起茶碗，靠近鼻子大大
地吸一口氣，將茶湯香氣吸進鼻
腔。

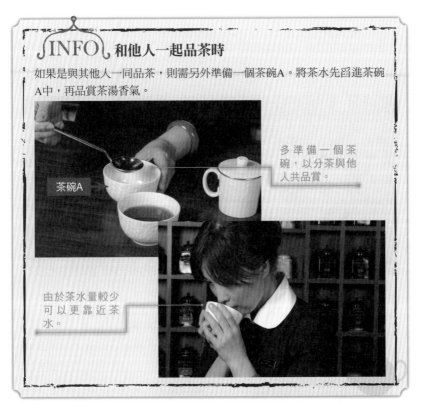

∫INFO∟ 和他人一起品茶時

如果是與其他人一同品茶，則需另外準備一個茶碗A。將茶水先舀進茶碗A中，再品賞茶湯香氣。

茶碗A

多準備一個茶碗，以分茶與他人共品賞。

由於茶水量較少可以更靠近茶水。

常見香氣說明	
花香	像花一般的香氣
草香	像青草一般的青澀鮮草香
果香	近似於麝香葡萄、果香
甜香	近似於甘薯皮的甜香氣
煙燻香	近似以木材燃燒煙燻而成的香氣

嚐茶味

茶湯滋味是否濃郁，口感是否柔順滑口，這些都是紅茶代表性的滋味，除了茶葉量與水量之外，沖泡時間的長短也是影響茶滋味的重要關鍵，如果茶湯出現異常澀味，通常會檢視茶品沖泡時間是否過長，藉此做初步的異常判斷。

如何品味紅茶

記憶茶的特質

進階玩調茶

1 吸入茶湯

將茶匙或茶碗傾斜一些,以方便同時吸入空氣與茶湯,讓茶湯以放射狀進入口中。

2 感受茶湯香氣

這時,將茶湯停留口中2秒左右,然後鼻腔向外呼一口氣、感受茶湯的香氣。

3 感受茶湯滋味

緩緩嚥下茶湯,如果茶有澀味,在此時最容易感受到。

4 嚥下茶湯並感受是否留有餘韻

嚥下茶湯之後,停留一下先不要飲用別的茶湯,先感受一下口中是否留下餘韻。如果是一款有韻味的茶品,通常都能得到很好的評價。

常見茶滋味說明	
爽口感	入口便感到清新,整個口腔都像下過雨的草地般清爽
甘韻味	在口中留着茶的甘美滋味
厚實度	入口後感到濃郁的滋味,極有存在感
苦澀味	單寧產生的獨特澀味,微妙的成熟享受

❦ 產地茶品茶表

深奧微妙、豐富的紅茶滋味，要簡單地用文字來形容有其難度，為了讓剛開始接觸紅茶的人，可以更快速找到喜愛的茶品，以下設計了表格呈現重要產區的產地茶，並從茶的香氣和滋味兩大主軸做區別，同時輔以建議的品嘗方式，只要按表查找，即能不費力地找到符合需求的紅茶。

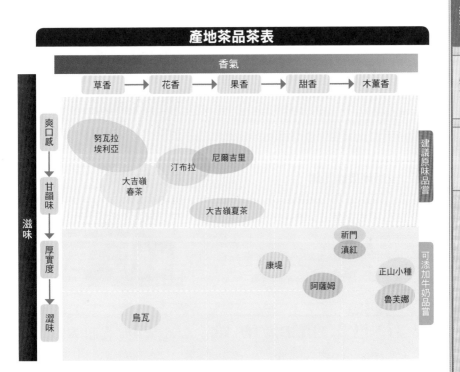

產地茶品茶表

香氣

草香 → 花香 → 果香 → 甜香 → 木薰香

滋味：爽口感 → 甘韻味 → 厚實度 → 澀味

（建議原味品嘗）努瓦拉埃利亞、大吉嶺春茶、汀布拉、尼爾吉里、大吉嶺夏茶

（可添加牛奶品嘗）祈門、滇紅、康堤、阿薩姆、正山小種、魯芙娜、烏瓦

風味茶除了添加的香氣之外、茶滋味通常與使用何種基底產地紅茶有關，而每一種品牌所使用的的基底茶都不盡相同，所以，此品茶表不將風味茶納入說明。

記憶茶的特質

想要完全了解紅茶，常喝品質良好、鮮度佳的茶葉，記住香氣、味道、口感及茶色，每一種特徵都要完全掌握，是了解紅茶的不二法門。不過為了建立客觀的判斷基準，最好固定一段時間品賞同一種紅茶，建立起此種紅茶就是如此的味道、香味……等基準，以便於記憶其特質。

專業品茶師的記憶方法

紅茶專業品茶師為了了解所有紅茶的特性，會避免主觀的喜好，培養特定的判斷力，除了豐富的專業知識之外，通常都還需要10年以上的品茶經驗才能勝任。為了掌握紅茶特性，記憶茶品的專業訓練，通常會使用週期性記憶訓練的方法，此週期通常最少為2週，在這兩週內，每日3次、每次2杯以上細細品嘗，以均一的條件沖泡的同一茶品品項，以求完全了解、記憶此款茶品的特性。

INFO 記憶訓練時的「均一條件」、「同茶品品項」是指什麼？

1. 所謂的「均一條件」是指是每一次飲用的茶品，在沖泡時的沖泡條件必須完全相同。例如，沖泡水溫、水量、茶葉量、茶葉等級……等都相同的狀態，避免因其他因素改變而讓茶湯滋味濃淡不均，進而影響判斷。

2. 「同一茶品品項」指的並非一定要同一包茶，而是一個設定的範圍；例如，想要記憶大吉嶺茶的特性，就可以飲用同為大吉嶺茶區產的大吉嶺茶，不用刻意選擇同一茶莊產或同一個品牌的大吉嶺茶。因為雖然同為大吉嶺產區的茶品，也會發生隨著氣候及管理方式不同，而表現出些許不同差異的農作物特性。這些微小的差異，在學習記憶時更是必須特別區分理解，如果能夠在微小的差異中成功找出共同特點加以記憶，不僅可以成功記住大吉嶺紅茶的特色，在飲用新接觸的大吉嶺茶時，也不容易讓這些微小差異所誤導而產生疑問了。

❧居家茶品特質記憶方法

就像專業記憶篇中提到的一樣，盡可能地在同一個時期集中飲用同一品項的紅茶，對於學習記憶紅茶特質很重要。不過要一般人像專業茶師般的長時間規律飲用可能會有些執行上的困難，大多數的居家品茶會，會在假日或者短暫的休閒時間進行，而且面對多采多姿的紅茶世界，只品嘗單一紅茶品項，對想要快速嘗鮮的人來說，也少了許多樂趣，所以綜合以上問題，以下推薦適合居家品茶愛茶人的循環品茶表，以輕鬆沒有壓力的方式自然記憶、建構起自己對紅茶特色的記憶資料庫。

循環品茶表

利用間隔1次或2次，品嘗型態完全不同的茶品，藉此清晰記憶2次品嘗茶品的巨大差異，例如A組為清新花草香、且爽口的茶品，而B組則是完全不同的甜果香氣、口感厚實的茶品，藉由巨大的落差來加強記憶，而且品嘗不同口味的新鮮感受更增添品茶樂趣。

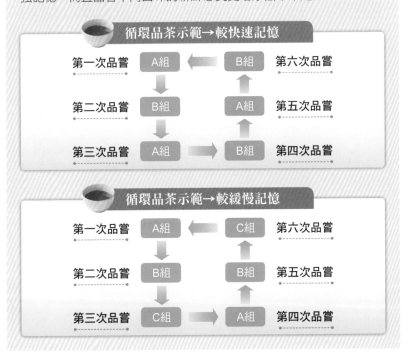

同屬性茶品表

通常茶樹的生長環境相似、茶樹品種相似，茶品特色如香氣、茶湯滋味……等也會相似，若可以學會辨別其中的微小差異，有助於記憶茶品特色。

	同屬性茶品		品嘗比較重點
A組	印度：大吉嶺		比較清新花草香氣的些微不同
	錫蘭：努瓦拉埃利亞		
B組	印度：阿薩姆		比較濃、淡與甜香的些微不同
	錫蘭：康堤		
C組	印度：尼爾吉里		比較順口及香氣的些微不同
	錫蘭：汀布拉		
D組	中國：祈門		比較木薰香氣的些微不同
	中國：滇紅		

每一次選一組同質性的茶品來飲用，喝的時候可以交替飲用以感受不同的細微特質，剛開始即使無法掌握特色亦無妨，只要持續地喝，慢慢地就可以感受其特色，身體自然記憶後，你也可以成為品茶大師喔。

進階玩調茶

在認識了這麼多的產地茶之後，是否對於各種紅茶擁有的獨特魅力感到著迷？不過，同時是否也覺得有一些些小小缺憾？例如：阿薩姆茶的甜香濃郁讓人喜歡，但是，天氣熱的時候卻覺得不夠爽口；或是汀布拉茶的柔順口感讓人喝再多都不膩，但若能更多些香氣就更加完美了。在掌握了產地茶的基本風味後，若能進階調配紅茶，呈現紅茶豐富多變的口感，使調茶能更合自己心意。

調茶的方法

混合茶葉調製專屬於自己的紅茶，屬於進階的紅茶學習，以下教你調和茶葉的基本方法，再配合多練習，你也可以享受在家調茶的樂趣。

1 設定主題

首先，必須明確地寫出或想好這一款混調茶的主題，如果不先想好主題，很容易在混調的過程中迷失方向，受平常飲茶偏好所影響，最後都調出同樣的茶品。例如，平常喜愛清新香氣的大吉嶺茶，不知不覺中在每一次調茶時都加入過多的大吉嶺，結果每一個調茶味道都與大吉嶺相去不遠，這樣就太可惜了。

一開始不太懂得設定主題的方法時，可以先依自己的飲茶生活習慣來設定，例如，為平常最喜歡的蜂蜜蛋糕調一壺適合搭配的混調茶，或者為週末即將來訪的表弟表妹調一壺適合小朋友享用的奶茶用混調茶品……等。

1　確認茶品質——品茶水

在混調茶品之前一定要做的就是，確認這些要拿來調茶的茶品滋味，將茶品沖泡後仔細品嘗，確實掌握這些茶品滋味後，才能善加運用其特色混調茶品。

2　混調茶比例——調和茶水

依照所設定下的主題與已經確認拿來調茶的茶品的特色後，開始使用茶湯加以混調。

3　記錄比例及口感

要調出令人滿意的混調茶總是需要多次嘗試，為避免太多次的混調混亂了記憶，因此，在每次混調茶湯後，都需將其感受記錄下來，以便找出最佳混調茶。

年　月　日	混調品茶記錄表				
混調人：	主題：			茶葉等級：	
	混調比例	混調內容	香氣	口感	評分
1	7：3	大吉嶺：康堤	透著些許甜味的花草香	柔和不澀	85分
2					
3					
4					

茶用圖表

當你熟練了混茶技巧，也成功調配出專屬的混調茶後，也可利用以下表格做好記錄，替自己的調茶記憶管理。

KELLY 的混調收藏					
日期	2012年5月15日				
混調人	KELLY				
編號	3　號				
名稱	夏綠蒂				
主題	初夏假日早晨的床邊茶				
飲用方式	第一杯原味熱茶，第二杯加入砂糖及牛奶。				
沖泡方式	以一般原味茶沖泡方式即可，無須過濾茶葉				
特色	同時享受2種口感，沖泡方便。				
搭配點心	搭配奶油吐司更美味				
混調等級	混調比例	混調內容	香氣	口感	評分
OP	6：3：1	汀布拉：烏瓦：康堤	柔和甜味帶著青草香	濃度適中	90分

照片黏貼處

169

混茶原則

在品茶時一定要注意的等級問題，在混茶時也很重要。所有要混調在一起的紅茶等級必須相同。這是因為沖泡紅茶的時間是依據茶葉等級來區分，不同等級的茶葉所需的沖泡時間不同，若因摻雜了不同大小的茶葉，如全葉型紅茶和破碎型的紅茶，則無法正確決定沖泡時間，反而不容易泡好茶葉，反讓茶的滋味受影響，因此，只有相同等級的紅茶茶葉才能夠一同混調。

> 不同等級的茶葉不能一同相混，以免無法正確掌握沖泡時間，影響紅茶滋味。

學會混調茶Step by Step

當你找出喜歡的調茶口感後，接下來就可以透過茶用圖表的記錄，開始混調專屬於自己喜好的茶品。

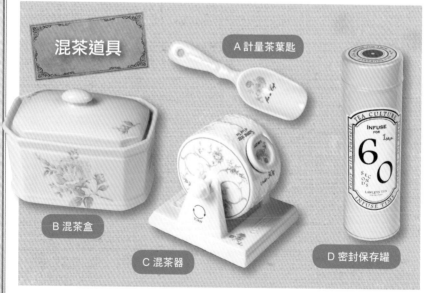

混茶道具

A 計量茶葉匙

B 混茶盒

C 混茶器

D 密封保存罐

1 依照調製主題開始添加茶葉

依照記錄表上的茶葉名稱及分量,將所需混調的茶葉加入混茶器中。

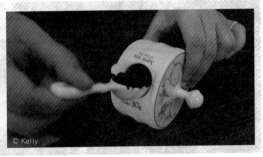

2 開始混茶

接著,蓋緊混茶器蓋子,將混茶器架在固定架上,以緩慢的速度輪流向前後旋轉,以充分地將茶葉混合均勻。

3 取下混茶器

將混茶器從固定架上拿下來,準備後續的工作。

4 完成

打開混茶器蓋子,將混調完成的茶葉倒入混茶盒中。

🍵美味混調茶介紹

在各大知名茶館、紅茶教室中都有許多自己獨創、受歡迎的人氣混調茶品，這些混調茶品的調配配方都經過多次的嘗試改良，在口味上均相當符合大眾的喜愛，一般來說，混調茶主要可分為原味系、花草系、花果系、香料系等四種風格。對混調茶調配沒把握的人，可參照以下配方，調出不失敗的混調茶。

☕ 1. 原味茶系

將兩種以上的產地茶加以混調，除了展現主軸產地茶原有特色，用另一款茶柔和其缺點，混調後的新茶品更顯風采。

配方A	配方B
大吉嶺70%+康堤30%	汀布拉60%+努瓦拉埃利亞30%+祁門10%

☕ 2. 花草系

在紅茶中調入色彩鮮艷的各式花卉，茶香中隱約透出的柔和花香不僅讓人心曠神怡，嬌艷美麗的色調更擄獲所有女孩的心。

配方A	配方B
尼爾吉里+玫瑰+藍芙蓉	汀布拉+康堤+檸檬草+玫瑰

☕ 3. 花果系

酸甜迷人的花果香氣，不論是沖泡成熱茶或是冰茶都有許多Fans，是老少咸宜、最受歡迎的超人氣明星茶品。

配方A	配方B
尼爾吉里+柑橘片+藍芙蓉	汀布拉+康堤+蘋果片+果莓粒+薔薇果

☕ 4. 香料系

在印度、錫蘭紅茶產地國，當地人們生活中不可或缺的香料紅茶，只要品嘗過一次絕對難以忘懷。

配方A	配方B
魯芙娜+肉桂+小荳蔻+紅胡椒	阿薩姆+肉桂

── 第七篇 ──
我的茶譜

有著千面女郎稱號的紅茶，除了產地豐富，各式各樣的產地茶滋味多變化之外，受到世界各國人們喜愛，融合當地特產所延伸出來的多變化飲用方式。也是紅茶特有的魅力之一，不管是調合鮮奶、添加花果、還是煮一壺道地印度香料茶？都是自己在家可以輕鬆完成的紅茶應用，跟著本篇的操作，即能輕鬆不失敗的完成好喝茶品。

本篇教你

🍃 沖泡英式奶茶　　　　　🍃 調製印度奶茶

🍃 沖泡清涼冰茶　　　　　🍃 沖泡美味水果茶

🍃 各式茶品的美味秘訣

紅茶的變化喝法

不論是清爽的早晨、優閒的午後，布置一個色彩繽紛的美麗茶桌，沖上一杯美味紅茶，想要居家輕鬆享受這樣的優閒時光，就從學習沖泡各式各樣的美味紅茶開始，跨出優雅生活的第一步。

享受紅茶變化喝法

紅茶除了可以品嘗原味，感受茶葉的風土特色，但也可以增添牛奶、香料、水果等，熱飲或冷飲的方式做變化，紅茶的喝法多變，以下介紹奶茶、花果茶、冰茶的變化喝法：

1.奶茶
英式奶茶
皇家奶茶

2.花果茶
水果花園

3.冰茶
原味冰茶
柚香冰茶

奶茶

傳說從前的貴族為了減輕紅茶的苦澀而在茶中加入牛奶，人民則為了保護珍貴瓷器，避免在沖入高溫熱茶時破裂，而先加入低溫的牛奶後再沖熱茶。現代從挑剔乳脂含量，到先放牛奶還是先放茶的爭論之中，顯示出從古至今英國人對於奶茶的喜愛絲毫不曾減少。

奶茶的美味秘訣

要製作好喝的奶茶，茶葉及牛奶的挑選有其原則，以下分別説明如下：

1.茶葉選擇秘訣

1. 應選擇茶滋味較濃郁的茶品，唯有茶湯滋味與香氣濃郁與鮮奶搭配，才不容易被鮮奶滋味掩蓋，而無法達到茶奶協調的狀態。例如，阿薩姆、康堤、魯芙娜、烏瓦茶……等都是很好的選擇。
2. 可選擇較細碎的茶葉沖泡，細碎的茶葉呈現出的茶湯滋味不僅比原片茶葉滋味濃郁，更適合沖泡奶茶，細碎的茶葉所需的沖泡時間也較短，能節省許多沖泡時間。

2.鮮奶選擇秘訣

1. 沖泡英式奶茶時應將鮮奶事先回溫至室溫（非冰涼即可），避免直接將冰涼的鮮奶調入熱呼呼的茶湯中，如果直接將冰涼的鮮奶調入熱茶湯中容易讓奶茶溫度迅速下降，不但香氣減低，也容易使乳脂肪形成小塊狀薄膜飄在奶茶上方，影響茶湯美觀。
2. 喜歡奶茶溫度高的人也可以使用溫鮮奶，不過溫鮮奶的溫度也需注意不可過熱，例如將鮮奶加熱至滾開的狀態。過熱的鮮奶容易產生強烈乳脂味，容易破壞茶的香氣，這也必須注意。

沖泡式奶茶
英式奶茶做法

英式奶茶為英國人喜好的傳統奶茶。紅茶添加牛奶後，因緩和茶的澀味，所以口感柔順，非常適合搭配糕點一起享用。

材料
茶葉：4匙
水量：250cc
鮮奶：120cc

1 溫壺並加茶

為了將茶香完整帶出，所以需要先將茶壺溫過。在已溫過的壺中加入4匙的茶葉。這裡用的是OP等級的印度阿薩姆茶葉。

2 燜泡茶葉

接著，再加入250cc的熱水、蓋上蓋子及保溫罩浸泡5分鐘。如果是較細碎的茶葉因為沖出茶味的時間比全葉型的茶葉快，為了避免沖出澀味只需浸泡3分鐘即可。

3 過濾茶湯

將已浸泡好的茶湯過濾至已溫好的杯子中。為了不讓茶滋味被牛奶滋味稀釋，所以會將茶葉浸泡較久的時間，讓茶滋味更濃郁，所以，此時的茶湯色澤會比一般茶湯深。在濾出茶水時也須注意只要倒入5分滿的茶湯即可，需要預留一半以上的空間給即將調和的牛奶。

只需倒入5分滿的茶湯

變化喝法

奶茶

花果茶

冰茶

4 注入鮮奶

決定好紅茶和牛奶的比例後，接著，緩緩將鮮奶注入杯中。這裡使用的是已回復室溫的新鮮全脂鮮奶，如果喜愛清爽一些的口感也可選用低脂鮮奶。此時，茶湯會呈現美麗的焦糖色。

5 加糖調味

也可視個人口味加入少許砂糖調味，即完成英式奶茶。

鍋煮式奶茶
皇家奶茶做法

為了享受大量濃郁鮮奶茶所呈現的滑口滋味而誕生的皇家奶茶，與一般以茶為主角的奶茶不同，皇家奶茶的茶湯與鮮奶同為主角，一半一半同等的分量，使用鍋具慢慢調煮至相互融合，是最受歡迎的超人氣香濃奶茶。

材料

茶葉：4匙
水量：200cc
鮮奶：200cc

1 在平底鍋煮水

首先，在平底鍋中加入200cc的水煮開後，關火。

2 在平底鍋加入茶葉煮30秒

接著，在已熄火的平底鍋中加入4匙茶葉（這裡用的是錫蘭的烏瓦茶葉）為了避免茶葉煮焦，再以攪棒將茶葉攪拌均勻，然後再用小火煮30秒左右，讓茶葉可以伸展開來。這時，鮮奶放置一旁備用。

3 加入鮮奶續煮

延續上個步驟，當茶葉已煮了30秒左右時，隨即加入鮮奶，繼續使用小火煮3～4分鐘。如果使用的是較細碎的茶葉，煮茶的時間約3分鐘，使用的若是完整葉片茶，則需要4分鐘。

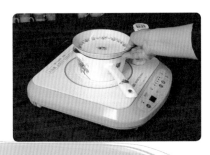

4 加蓋，並持續加熱奶茶

加蓋並注意不讓茶湯滾開，如果溫度太高則可以關掉火源。

煮奶茶過程加蓋主要是阻隔空氣悶茶讓茶葉伸展得更好、茶湯滋味更濃郁，而且因加入牛奶後急遽降溫的茶水，也可以藉由加蓋讓溫度更快速回復。

5 過濾茶湯

當時間已經到時，即可將已煮好的茶湯過濾至已溫好的杯子中。

6 完成

調入少許砂糖，即完成皇家奶茶。

鍋煮式奶茶
馬沙拉奶茶做法

馬莎拉指的是將各式各樣的香料混調，因此，馬沙拉奶茶就是指混合各式香料的奶茶。在印度盛產各式各樣的香料，香料對當地人的生活非常重要，除了運用在食品之外，搭配紅茶飲用也很適合，馬莎拉茶是最受歡迎的印度茶品。

材料

茶葉：4匙
水量：250cc
鮮奶：150cc
香料：小荳蔻3～4顆、
紅胡椒8～10顆、肉桂1小段、
丁香4～5顆（小荳蔻、肉
桂呈現甘甜味，丁香、
紅胡椒呈現微辣滋味，
請依個人喜好增減）

1 敲碎香料

首先，將各式香料敲開，或用手撥開，好讓香料滋味容易釋放出來。

2 煮水，並加香料小火煮

接著，在平底鍋中加入250cc的水煮開後，加入已敲碎的香料，用小火煮1分鐘後關火。

3 加入茶葉並攪拌

加入4匙的茶葉，並將茶葉和香料攪拌均勻，讓兩種材料能夠快速融合滋味。

4 讓茶葉浸泡30秒

這時，浸泡茶葉30秒，讓茶葉可以自然舒展開來。

5 注入鮮奶，加蓋小火煮3～4分鐘

加入150cc的鮮奶後，即可加蓋小火煮3～4分鐘。加蓋煮奶茶可讓因為加入鮮奶而急遽降溫的茶湯可以快速升溫，幫助茶湯與鮮奶融合。如果使用的是較細碎的茶葉，煮茶的時間約3分鐘，使用的若是較為完整的葉片茶，則需要4分鐘。在加熱過程中，注意不讓茶湯滾開，如果溫度太高則可以關掉火源。

6 過濾茶湯

將已煮好的茶湯過濾至已溫好的杯子中。

7 完成

最後，調入少許砂糖即完成。

水果茶

紅茶除了添加牛奶、香料的調味變化外，和花果搭配也非常適合，而且製作方式也相當簡單，廚房隨手可得小小的檸檬片加在茶裡一起沖泡，茶湯滋味就更加清新，不管是使用新鮮水果或者使用果醬，都能做出好喝的花果茶。

🍵花果茶的美味秘訣

花果茶的製作重點在於挑選茶葉滋味不會過於濃郁的茶品，搭配的花果可依照個人的喜好，以下為詳細的製作竅門：

☕1.茶葉選擇秘訣

應選擇茶滋味中等，香氣不會太過於獨特的茶品。茶湯滋味與香氣都中等的茶品與水果花卉搭配時，茶香與果香比較容易取得平衡協調的狀態。例如汀布拉、尼爾吉里、錫蘭混調茶……等都是很好的選擇。

☕2.花果的選擇秘訣

1.花卉只要狀態好，生鮮或是乾燥的食用花草皆可，惟須注意的是農藥殘留問題。
2.各式各樣的水果皆適宜，唯有酸味較重的柑橘類水果及新鮮果莓類水果，在熱水浸泡的時間不宜過長，否則容易產生澀味。若新鮮水果沖泡不易，新鮮果醬也是一個很好的選擇。

水果花園茶做法

新鮮的水果常是增添紅茶滋味的好幫手，小小一片檸檬就能讓紅茶展現全新風貌。以下的水果花園茶充分運用了水果和紅茶的混搭，使紅茶可以喝到不同口感的新鮮滋味。

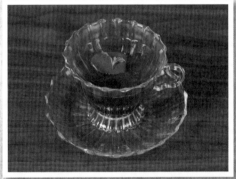

材料 〜
茶葉：2匙
水量：300cc
其他材料：玫瑰花、檸檬
草、薄荷、果莓醬

1 加入茶葉
　　首先，在已溫過的壺中加入2匙的茶葉。

2 加入花草
　　接著，在壺中加入些許的玫瑰花、檸檬草、薄荷。

變化喝法

奶茶

花果茶

冰茶

3 注入熱水浸泡茶葉

適度添加花草後，接下來加入熱水並蓋上蓋子，罩上保溫罩浸泡3分鐘。

4 在杯中加入果莓醬，點綴花草

在等待茶葉浸泡的空檔中，先添加一匙的果莓醬入杯中，並點綴些許花草。

5 過濾茶湯

最後，將已浸泡3分鐘的茶湯過濾至步驟4的杯子中即可。

別忘了飲用時需充分攪拌果莓醬與茶水，使味道能夠充分混合均勻。此外，也可以不添加果莓醬，茶湯飲時會更加清新芬芳。

冰 茶

冰茶是在一九〇四年美國萬國博覽會會場上所發明。博覽會舉辦於炎熱的夏天，由於英國的天氣比起美國天氣涼爽許多，為了參加展覽而到美國的英國茶商，不但無法適應當地太過炎熱的氣候，加上沒有人對傳統熱茶產生興趣所以銷售非常不順，苦惱的茶商便在茶水中加入冰塊飲用，沒想到大受歡迎，冰茶也因而誕生。

冰茶的美味秘訣

冰茶適合炎熱的夏天飲用，要達到清新涼爽的口感和視覺效果，必須使用大量冰塊，為了不使沖泡完成的茶水滋味因冰塊稀釋而淡薄，茶葉的挑選有一些特殊考量：

茶葉的選擇秘訣

清爽的冰茶很得現代人的好感，冰茶另一個吸引人的要點在於欣賞澄澈的茶水。想要沖泡出澄澈透明的冰茶，必須選對茶種。由於茶葉中所含的丹寧在遇到冰塊時會產生霜化現象，就是茶湯呈現混濁的感覺，所以選擇丹寧較少的茶葉，例如汀布拉、尼爾吉里、大吉嶺……等，才能使沖泡出來的冰茶呈現晶瑩剔透的透明感。

原味冰茶做法

冰茶的口感和熱紅茶截然不同。和熱紅茶相比，冰茶相對爽口，所以濃度不足很容易失去滋味。因此沖泡冰茶的茶水比例濃度會比較高。

材料
茶葉：2匙　　　水量：220cc
冰塊：1杯

1 溫壺並加入茶葉

首先，先用熱水溫過茶壺，接著再加入兩匙的茶葉。這裡選用的是斯里蘭卡汀布拉茶。

2 注入熱水浸泡茶葉

接著，在壺內加入220cc的熱水、蓋上壺蓋，並罩上保溫罩浸泡3分鐘。

3 在杯中添加冰塊

在等待茶葉浸泡的空檔，在杯中加滿冰塊。

4 過濾茶湯

將已浸泡3分鐘的茶水過濾杯中，即完成冰茶的製作。

沖泡式奶茶
柚香冰茶做法

葡萄柚微酸香氣與甜美鮮果汁加上高雅大吉嶺茶香是難得一見的絕佳搭配。

材料 ∽

茶葉：2匙
水量：220cc
冰塊：1杯
其他材料：柳橙片、葡萄柚片、蜂蜜20cc、柳橙汁或葡萄柚汁20cc

變化喝法

奶茶

花果茶

冰茶

1　溫壺並加入茶葉

首先，先用熱水溫過茶壺，接著再加入兩匙的茶葉。這裡選用的是印度大吉嶺茶。

2　加入水果片

接著，在壺中依照個人喜好加入各式水果片。需注意的是葡萄柚片只需加1～2片即可，否則在後續熱水浸泡的過程中，過多的葡萄柚片會容易讓茶水變澀。

3 在壺中注入熱水

接著,在壺中加入220cc的熱水,並罩上保溫罩讓茶葉和水果片浸泡3分鐘。

4 用葡萄柚輕輕塗抹玻璃杯緣

在茶湯浸泡過程中,使用新鮮葡萄柚片在玻璃杯緣上輕輕擦拭,讓葡萄柚香氣留在杯緣上。

5 在杯中置入冰塊和水果片

柚香冰茶完成時的特色是色彩分明,因此,這時將冰塊與水果片層層交錯相疊。

6 在杯中加入蜂蜜和果汁

為了增添香甜口感，需要添加蜂蜜和果汁。將蜂蜜與果汁調和後，加入玻璃杯中。

7 過濾茶湯

最後，將已浸泡3分鐘的茶湯透過濾杓過濾至杯中即可。

品嘗時別忘了充分攪拌調和果汁與茶湯，使味道能充分融合，使口感更佳。

第八篇

知名品牌
紅茶鑑賞

紅茶品牌始自英國，初識品牌紅茶時，多由
各家茶商針對自家品牌特性、精神所設計的
茶罐開始。紅茶一直深受英國人喜愛，也是
最早發展紅茶品牌，目前經營歷史超過百年
的經典紅茶品牌也多以英國為主。有皇室御
用品牌唐寧、立頓、佛南梅森……，也有隨
著因應當地的品飲需求而創立的新品牌。不
管是傳統品牌紅茶或是新興的品牌都提供了
鍾愛紅茶的人更多元化的選擇。

本篇教你

🍃 愛茶人不可不認識的知名紅茶品牌

🍃 各品牌紅茶的推薦人氣茶品

🍃 品賞品牌歷史文化

經典百年傳統品牌紅茶

英國深受紅茶文化影響，早在三百年前就設立了紅茶品牌。從專賣紅茶的唐寧（Twinings）、立頓（Lipton），原為食品商的福南梅森（Fortnum&Mason），百貨公司起家的哈洛氏（Harrods）、瓷器商威基伍德（WEDGWOOD）……，都是傳承百年的經典品牌。而法國的瑪莉亞喬（MARIAGE FRÉRES）、福生（Fauchon）的品牌紅茶故事更豐富了紅茶世界。

傳統品牌紅茶

1 唐寧 Twinings
在英國紅茶界具有領導性地位 ……………………（參見P195）

2 福南梅森F&M（Fortnum&Mason）
英國皇室御用的高級綜合食品品牌 …………………（參見P196）

3 立頓 Lipton
將紅茶普及推廣至全世界的重要推手 ………………（參見P197）

4 哈洛氏 Harrods
以百貨品牌起家，重視紅茶口感的混調茶品 ………（參見P198）

5 威基伍德Wedgwood
重現傳統飲茶生活的理念 ……………………………（參見P199）

6 瑪莉亞喬 MARIAGE FRÉRES
法國紅茶領導品牌，薰香混調茶品技術與品味超群（參見P200）

7 福生 Fauchon
法國時尚紅茶品牌 ……………………………………（參見P201）

唐寧 Twinings
英國

十七世紀起，英國咖啡館開始販售茶葉。唐寧第一代湯瑪斯‧唐寧（Thmas Twining）於一七〇六年在倫敦開設了「湯姆的咖啡屋」（Tom's coffee home）開始賣咖啡、茶等，一七一七年開設了第一家黃金獅茶館（The Golden Lyon）經營至今已歷經十代，經營歷史超過三百年，是英國最古老的紅茶商。曾獲得維多利亞女王、愛德華七世、伊麗莎白女王2世所賜予的皇家御用殊榮，在英國紅茶界具有領導性的地位。

具代表性的品項

知名的伯爵茶幾乎成了英國紅茶的代名詞，各式綜合水果茶也相當受到歡迎，對於風味紅茶配方具有獨到的品味。

伯爵茶EARL GREY TEA

此款調味茶據說源自格雷伯爵得到一個以中國茶葉為基茶，在茶中混調佛手柑精油的茶配方。由於茶中帶著濃郁的佛手柑香氣，其獨特的風味受人讚賞、廣受歡迎。由於茶配方得自格雷伯爵，便以伯爵之名為茶款命名。

原產地：中國／等級：OP／建議飲用方法：奶茶、冰茶

仕女伯爵茶LADY GREY TEA

以經典的伯爵茶配方為底，再添加浪漫的矢車菊花瓣與檸檬皮增加清新的香氣，更適合喜愛清爽滋味的優雅仕女們享用。

原產地：中國／等級：OP／建議飲用方法：原味、冰茶

威爾斯王子PRINCE OF WALES TEA

為了喜愛祁門茶的威爾斯王子而調製的知名茶品。以帶著木質薰香味的祁門紅茶當做基底調配而成，藉由威爾斯王子喜愛的欽點茶品而聲名大噪，也成為許多英國人喜愛的品項。

原產地：中國／等級：OP／建議飲用方法：原味

福南梅森 Fortnum&Mason

英國

佛南梅森F&M（Fortnum&Mason）是英國皇室御用的高級綜合食品品牌。一七〇七年福南·威廉和梅森·修兩人相遇後合作經營一個雜貨小舖，透過威廉曾是安女王侍從的這層關係，開始發展與皇室、貴族的生意往來。其貼心週到的服務，除了受封英國皇室御用品牌之外，也一直受到世人喜愛，三百年間持續提供優良品質的商品及周到服務，這個讓世人信賴與憧憬的品牌所製作的美味紅茶同樣令人感到心滿意足。

具代表性的品項

百年不變的經典傳統配方，加上皇室御用的高級質感，讓福南梅森屹立不搖。

皇家混調茶 ROYAL BLEND

以印度與錫蘭茶混調而成醇美厚實的口感，是標準英式較濃郁紅茶的滋味。

原產地：印度、斯里蘭卡／等級：BOP／建議飲用方法：原味、奶茶

古典伯爵茶 EARL GREY CLASSIC

沉穩典雅的香氣搭配柔和的口感，做成爽口的冰茶也一樣美味。

原產地：中國、斯里蘭卡／建議飲用方法：原味、冰茶

福南梅森 FORTMASON

使用傳統中國祁門紅茶與英國殖民地的印度大吉嶺添加調和出的茶品，不僅香氣高雅也是象徵福南梅森延續傳統的經典配方。

原產地：印度、中國／建議飲用方法：原味

立頓 Lipton

英國

一八七一年起，立頓紅茶的創辦人湯瑪士‧立頓（Thomas Lipton）在紅茶史上占有重要地位。他不但生意眼光獨到，更是將紅茶普及推廣至全世界的重要推手。他在紅茶銷售方面做了許多創新，將原本秤重販賣的紅茶以袋裝紅茶的方式銷售，並在袋上印上立頓商店的店名，使品牌印象深植人心。同時也是依照各地水質設計與當地水質互搭的紅茶品牌。為了降低成本，直接在錫蘭經營茶園，所生產的紅茶直接在當地銷往世界。此後更以便宜好喝的紅茶為概念設計了「從茶園直接到茶壺」的宣傳海報，一舉成功塑造了便宜優質的深刻印象，至今已行銷全球一百五十個國家，黃底紅色品牌商標為世人熟知。

具代表性的品項

一八九五年，立頓紅茶受封為皇室御用品牌，在經營上致力於推廣平價英式紅茶，著名的代表品項有立頓黃牌紅茶、立頓錫蘭茶等。

立頓黃牌紅茶YELLOW LABEL TEA

全球辨識度最高的茶品。由於在意茶葉和當地水質的呈現，為了讓人們可以泡出美味的紅茶，特別針對每一個地區水質調配出的完美比例配方，滿足每一個挑剔的愛茶人。

原產地：斯里蘭卡、肯亞／等級：BFOP／建議飲用方法：原味、奶茶、冰茶

立頓錫蘭茶CEYLON

來自自信滿分的錫蘭立頓茶廠，香氣自然清新、滑口的滋味將錫蘭茶的優點完全地表現出來。

原產地：斯里蘭卡／等級：OP／建議飲用方法：原味、奶茶

哈洛氏 Harrods

英國

從一八四九年起所經營的小店一直到現在有美食的殿堂之稱的Harrods百貨，一直受到英國民眾喜愛。哈洛氏所製作的紅茶也延續著不妥協的創業精神，以精選產地及特調配方所呈現的美妙傳統滋味著稱。

具代表性的品項

以特別重視紅茶口感的混調茶品，纖細的混調技術讓Harrods紅茶擄獲許多老饕的心。以混調14號茶最為知名。

混調14號HARRODS BLEND NO.14

混調大吉嶺、錫蘭、肯亞等產地的茶葉展現特別厚實口感，受到許多人的喜愛，是Harrods紅茶中最著名的一款紅茶。

原產地：印度、斯里蘭卡、肯亞／等級：BOP（CTC製法）／建議飲用方法：原味、奶茶

混調49號HARRODS BLEND NO.49

混調印度5種產地，絕妙的柔和口感是創業一百五十周年紀念混調茶，在一九九九年推出後就成為明星商品。

原產地：印度／等級：OP／建議飲用方法：原味、奶茶

錫蘭紅茶（烏瓦高地茶園）UVA HIGHLANDS

這款錫蘭高地茶將烏瓦茶獨特的爽口澀味與草原清香完全表現出來。

原產地：斯里蘭卡／建議飲用方法：原味、奶茶

威基伍德 WEDGWOOD

英國

「英國陶瓷工業之父」威基伍德在一七五九年創辦陶瓷品牌，生產的高級瓷器對英國紅茶生活有極大影響。一九九一年起更挾著知名陶瓷的高人氣，選用優質茶葉推出威基伍德紅茶系列商品，以重現傳統飲茶生活的理念推出威基伍德紅茶系列商品，也受到顧客的青睞。

具代表性的品項

從瓷器跨足至紅茶的威基伍德，推出紅茶作品時，茶罐也是關注欣賞的重點之一。茶罐會結合經典茶具設計，如野草莓茶具、碧玉浮雕系列等。

草莓茶FINE STRAWBERRY

這款草莓茶的茶罐採用了經典野草莓茶具一樣的設計。茶葉沖泡後是討喜的甜香滋味，入口柔滑、微酸芬芳的香氣是跨越各種年齡層的口味。

原產地：斯里蘭卡、中國／等級：BOP／建議飲用方法：原味、奶茶

安皇后QUEEN ANNE

使用印度、斯里蘭卡與中國三大產地的精選組合，以皇后為名的自信配方茶，口感芳醇。不管是品嘗原味或是調入鮮奶都很適合飲用。

原產地：印度、斯里蘭卡、中國／等級：OP／建議飲用方法：原味、奶茶

PICNIC TEA

飲用下午茶是英國人日常生活不可或缺的一部分，喜愛大自然花卉的英國人更不會錯過野餐時徜徉在大自然懷抱中享用紅茶的樂趣。這一款野餐茶濃度適中，不會因為稍久泡而澀口，是解決野餐時沖泡不便的貼心茶款。爽口又恰到好處的柔和滋味，不論是原味或是奶茶都適合野餐時輕鬆地享用。

原產地：斯里蘭卡／等級：BOP／建議飲用方法：原味、奶茶

瑪莉亞喬 MARIAGE FRÈRES

法國

法國式的紅茶專門店MARIAGE FRÈRES是一個自十七世紀起販賣茶、辛香料等食品的品牌，在法國有著不可取代的重要性。自一八五四年由安利·瑪莉亞喬（A. Mariage）和愛德華·瑪莉亞喬（Edward Mariage）兩兄弟在法國創立了紅茶店，便代代相傳至今，不僅在巴黎設立了叫做MARIAGE FRÈRES的紅茶專門店，現在更提供從三十二個國家嚴選的茶葉混調出超過四百五十種以上的茶品。充滿高級感的黑色茶罐也常是眾人目光焦點。

具代表性的品項

對於薰香混調茶品的超群品味及技術，讓瑪莉亞喬突破英國紅茶的盛名，成功以法國領導品牌之姿，將法式紅茶成功推向全世界。

創業紀念款1854

為紀念創業的第一款混調茶，重現東方紅茶的神秘風格，以典雅的方式呈現茉莉芬芳，適中的濃度柔和的口感，展現出瑪莉亞喬一貫的法式優雅品牌印象。

原產地：印度、中國／建議飲用方法：原味

馬可波羅 MARCO POLO

以中國紅茶做為基底，多層次的花果香氣呈現馬可波羅探訪東方的神秘滋味，是探訪瑪莉亞喬不可錯過的薰香茶，風靡數十年，滑順的口感讓人難忘。

原產地：中國／建議飲用方法：原味

福生 Fauchon

法國

一八八六年,法國品牌福生(Fauchon)在巴黎嶄露頭角,顧客深信只要是高級食品就到福生百貨購買。以只提供優質商品為品牌信念,嚴選產地、茶園以名氣響亮的金色茶罐裝填著優質茶葉,在法國掀起一陣品茶旋風。至今仍以時尚紅茶品牌之姿驕傲的在街頭閃亮。

具代表性的品項

福生的品牌紅茶以嚴選產地與法式多層次薰香混調技術著稱。

蘋果茶 TEA AROMATISE A LA POMME

令人驚豔的新鮮蘋果香氣充份表現出法式薰香茶的超群技巧,宛如品嘗新鮮蘋果般的自然鮮甜香,令人滿足的果茶滋味,是福生紅茶嶄露頭角的知名單品,更是蘋果茶的首選品牌。

原產地:斯里蘭卡/等級:BOP/建議飲用方法:原味

福生混調茶 MELANGE FAUCHON

這款以品牌名命名的福生混調茶混合了來自中國和錫蘭的紅茶做為茶葉基底,並另外添加了薰衣草、檸檬、柑橘、香草的香氣,品嘗時可以品味花果甜香滋味,香氣充滿花果調,最適合以原味品嘗。

原產地:中國、斯里蘭卡/等級:FOP/建議飲用方法:原味

新興品牌紅茶

隨著時代的進步，飲茶生活也愈趨多元化，可以滿足各種生活步調、各種年齡的精緻飲茶品牌也孕育而生，除了不變的優雅風情，更多了時尚與便利，伴著茶香的生活，不論從前還是現代都是豐富人們心靈的最佳良伴。

傳統品牌紅茶

1 堂島 MUSICA TEA
連茶館的職人們都信賴的專業品牌 ·················（參見P203）

2 羅列茲 LAWLEYS TEA
提供完整茶具用品、茶品展現紅茶優雅生活 ·········（參見P204）

3 KAREL CAPEK
由知名繪本畫家山田詩子創立的品牌 ·················（參見P205）

MUSICA TEA
日本

一九五二年起，堂島MUSICA TEA由產地直接進口調製紅茶，專業的評鑑功力所選的茶品除了受到一般消費者喜愛之外，在專業茶館之間更有著口耳相傳的好評價，是一個連茶館的職人們都信賴的專業品牌。也是日本第一個開設紅茶專門店的品牌。提倡自然生活、簡單環保的品牌經理人「MR.TEA」崛江敏樹先生在茶品包裝上最重視簡單、實用，馬口鐵罐外盒的LOGO不僅簡單大方，也充分流露出對茶的自信。

具代表性的品項

從店門口堆積如山的產地直送木茶箱，就能嗅出其專業紅茶的魅力，展現產地紅茶原味、簡單飲用美味紅茶，是調配茶品的最高原則。

堂島早餐茶 DOJIMA BREAKFAST
專為英式早餐設計的茶品，搭配食物享用最能清新口氣增進食慾。

原產地：印度／等級：BOP／建議飲用方法：奶茶

驕傲的斯里蘭卡 PRIDE OF SRI LANKA
以斯里蘭卡特有的高地茶、中地茶、低地茶三產區的細碎茶葉混調而成，最能帶出斯里蘭卡茶最芳醇的滋味。

原產地：斯里蘭卡／等級：BOPF／建議飲用方法：奶茶

福爾摩沙正山小種 FORMOSA LAPSANG SOUCHONG
以高級台灣產茶葉為底，以松木燻香而成，濃郁的香氣與順口的茶湯韻味十足。

原產地：台灣／建議飲用方法：原味

羅列茲 Lawleys Tea
日本

谷口安宏先生於一九八八年在東京惠比壽創立Lawleys Tea品牌，除了採用上等茶葉混調適合亞洲人口味的茶品之外，並以茶為中心，推廣紅茶文化，發展出各式各樣的周邊商品，如精緻美麗的茶罐、茶壺等，走的是優雅的維多利亞風格，藉由紅茶、飲茶周邊全套器具的設計，想傳達給愛茶人溫柔的維多利亞時代氛圍，與舒適的飲茶體驗，谷口安宏先生將他在英國品茶的每一個感動的瞬間，都留在每一件羅列茲商品中。

具代表性的品項

以完整茶具用品、茶品展現紅茶優雅生活，提供顧客實現輕鬆享受英式午茶時光的美麗夢想。

羅列茲系列──下午茶 LAWEYS-AFTERNOON TEA

重現道地英國下午茶的特調茶品，從創業以來一直深受顧客喜愛。

原產地：印度／等級：FOP／建議飲用方法：原味、奶茶

愛上茶系列──綜合袋茶組合 LOVING TEA

以焦糖茶、伯爵茶、大吉嶺茶、混調茶⋯⋯，等各式各樣的袋茶組合而成的伴手禮盒。可愛的包裝，與多樣化的口味，讓第一次買茶人也可以放心選購。

原產地：印度、斯里蘭卡、中國／等級：OP／建議飲用方法：/原味、奶茶、冰茶

漢普宮廷系列──大吉嶺

精選大吉嶺茶，新鮮大吉嶺茶的清新花草香氣是原味享用的最佳茶品。

原產地：印度／等級：FOP／建議飲用方法：原味

KAREL CAPEK

日本

由知名繪本畫家山田詩子在1987年創立的品牌。搭配各種節日調配各式美味紅茶與點心，以繪本型態藉由可愛的玩偶人物與日常生活為主題，推出一系列紅茶生活雜貨用具，清新自然的風格迅速攻占新一代愛茶人的心，在特別的節日所推出的茶與點心的各式美麗馬口鐵包裝罐，更讓人愛不釋手。

具代表性的品項

自然活潑的飲茶生活提案，可愛又實用的飲茶用具、各式茶品、小點心一應俱全，是適合每一個年齡層的生活紅茶品牌。

綠色流水GREEN WATER

以大自然中清新的流水為名，以洋梨與薄荷混調而成，馨香爽口的滋味，是一款呈現清新口味的茶品。

原產地：中國、斯里蘭卡／建議飲用方法：原味

蛋糕的茶CAKE'S TEA

以印度錫蘭中國等產地茶，調和出帶著微微蓮花香氣、柔順口感，專為搭配蛋糕而設計的茶品。

原產地：印度、斯里蘭卡、中國／建議飲用方法：原味、冰茶

INFO 繪本畫家山田詩子的紅茶主題繪本

一系列以紅茶生活為主題的繪本，以生動可愛的畫風介紹紅茶生活，不論是紅茶沖泡方法、美味點心作法，還有各種茶會故事都可以在書裡找到。

國外紅茶品牌網站

名稱	網址	說明
Twinings	http://www.twinings.com.tw/	
Harrods	http://www.skm.com.tw/harrods/	
WEDGWOOD	https://wedgwood.com.tw	
Mariage Frères	www.mariagefreres.com/	
MUSICA TEA	http://chamatea.com/tea/musicanituite.htm	

國內可購買紅茶管道

茶帷（Tea-Always）	http://www.tea-always.com/	以專業、趣味性、親和力，對於單品紅茶產地與文化有獨特的詮釋。
灑綠茶館		提供知名Mariage Frères法式茶品與精緻下午茶服務。電話：（02）2888-3131
歐品坊	http://www.salondethe.com.tw/	提供法國知名品牌Mariage Frères紅茶為主。電話：（02）2393-0037
杜樂麗法國茶館	http://www.tuileries-tea.com/twg/index.html	提供法國知名Mariage Frères及新加坡TWG紅茶。電話：（02）8771-0968

本書作者作品列表

趙立忠
第一篇 進入紅茶的世界
第二篇 認識紅茶與製造方式
第三篇 世界知名紅茶產區
　　　世界紅茶產區
　　　印度
　　　印度紅茶分級制度
第四篇 如何選購紅茶
第五篇 如何沖泡好喝的紅茶

楊玉琴
第六篇 品賞紅茶
第七篇 我的茶譜
第八篇 知名品牌紅茶鑑賞

黃姵嘉
第三篇 世界知名紅茶產區
　　　斯里蘭卡產區
　　　錫蘭紅茶分級制度
　　　台灣產區

鄭雅尹
第三篇 世界知名紅茶產區
　　　中國產區

特別感謝
感謝卡提撒克公司及茶帷(Tea-Always)提供的所有協助。
感謝台灣茶葉改良魚池分場黃正宗先生接受採訪，給予專業意見。

國家圖書館出版品預行編目（CIP）資料

第一次品紅茶就上手更新版/ 趙立忠等著. -- 修訂一版. -- 臺北市：易博士文
化, 城邦文化出版：家庭傳媒城邦分公司發行,2020.06
面；公分
ISBN 978-986-480-121-3(平裝)

1.茶葉 2.製茶 3.文化
439.452   109007904

DH0034
第一次品紅茶就上手 更新版

作 者	/	趙立忠、楊玉琴、黃姵嘉、鄭雅尹、易博士編輯部
企 劃 執 行	/	魏珮丞
編 輯	/	魏珮丞、鄭雁聿
企 劃 監 製	/	蕭麗媛

業 務 經 理	/	羅越華
總 編 輯	/	蕭麗媛
視 覺 總 監	/	陳栩椿
發 行 人	/	何飛鵬
出 版	/	易博士文化　城邦文化事業股份有限公司
		台北市中山區民生東路二段141號8樓
		電話：(02) 2500-7008　傳真：(02) 2502-7676
		E-mail: ct_easybooks@hmg.com.tw
發 行	/	英屬蓋曼群島商家庭傳媒股份有限公司城邦分公司
		台北市中山區民生東路二段141號11樓
		書虫客服服務專線：(02) 2500-7718、2500-7719
		服務時間：週一至週五上午09:30-12:00；下午13:30-17:00
		24小時傳真服務：(02) 2500-1990、2500-1991
		讀者服務信箱：service@readingclub.com.tw
		劃撥帳號：19863813　戶名：書虫股份有限公司
香 港 發 行 所	/	城邦（香港）出版集團有限公司
		香港灣仔駱克道193號東超商業中心1樓
		電話：(852) 2508-6231　傳真：(852) 2578-9337
		E-mail: hkcite@biznetvigator.com
馬 新 發 行 所	/	城邦（馬新）出版集團Cite(M) Sdn. Bhd.
		41, Jalan Radin Anum, Bandar Baru Sri Petaling,
		57000 Kuala Lumpur, Malaysia.
		電話：(603) 9057-8822　傳真：(603) 9057-6622
		E-mail: cite@cite.com.my
製 版 印 刷		卡樂彩色製版印刷有限公司

■2020年06月23日修訂一版
■2012年05月15日初版
定價350元　HK $117